토목환경 창의공학설계

김성득 저

UUP.

토목환경 창의공학설계

2011년 2월 24일 초판 2쇄 인쇄
2011년 3월 2일 초판 2쇄 발행
2009년 2월 28일 초판 1쇄 발행

지은이 | 김성득
발행인 | 김도연
발행처 | UUP(울산대학교출판부)

출판등록 | 제 370-1996-000001호(1996.3.13)
홈페이지 | http://uup.ulsan.ac.kr
주소 | 680-749 울산광역시 남구 대학로 102(무거동) 울산대학교 출판부
전화 | (052) 259-2488
팩스 | (052) 277-3011

값 12,000원

ISBN 978-89-7868-170-4   93530

머리말

21세기는 지식기반사회로 모든 분야에서 빠른 속도의 혁신이 필요한 시대이며 무한경쟁을 피할 수 없는 시대이다. 사회간접자본시설 정비를 둘러싼 경제사회도 급격히 변하고 있다. 당면한 지식기반사회에서 사회자본 분야의 새로운 과제를 해결하고 더욱 입지를 강화하기 위해서는 창의력을 가지면서 변화와 혁신을 주도할 진취성을 갖춘 인재를 양성해야만 한다. 사회자본시설을 계획하고 설계하는 토목환경공학도들에게도 이제까지의 방법론 위주의 교육이 아닌 실제 문제를 분석하고 종합할 수 있는 능력을 키울 교육과정을 개발해야 할 뿐만 아니라 새로운 창의적인 문제해결 능력을 갖춘 바탕을 키우는 교육과정을 과감히 도입해야 할 것이다.

공학자는 급변하는 지식기반사회에서 능동적으로 적응하기 위해서 높은 전문지식의 습득과 더불어 부닥치거나 예상할 수 있는 문제를 창의적으로 해결할 능력을 배양하여야 한다. 이러한 흐름에 따라서 우리나라도 미국의 ABET를 본받아 한국공학교육인증원(ABEEK)을 설립하여 공과대학 졸업생들의 자질을 보증하는 공학교육인증을 실시하고 있다.

이러한 공학교육의 목표를 달성하기 위해 공과대학 신입생들에게 '창의공학' 관련 과목을 개설하고 공학에 대해 새롭게 이해하고 문제 해결 절차를 익히고 발표하는 교육과정을 개설하고 있다. 그런데 기존에 발간된 대부분의 교재는 제품을 개발하는 공학적 설계 과정을 중심으로 편성되어서 토목환경공학도가 학문적 바탕을 두는 사회자본시설을 계획하고 설계함에 있어서는 미흡했다. 이에 토목환경공학의 여러 과목과 연관 학문을 교육하고 경험한 것들을 토대로 하여 토목환경공학 학문에 입문한 신입생들에게 학문의 내용을 이해하고 창의적으로 관련 문제를 해결하는데 도움이 되고자 이 책을 집필하게 되었다.

이 책의 제1부는 토목환경공학과 창의력에 관련된 기본 사항을 다루었고, 제2부는 사회간접자본시설의 구체적인 사례를 창의적으로 해결해보는 과제를 중심으로 구성하였다. 책을 내면서 참고문헌에서 소개한 여러 서적과 자료를 참조 했으며 그 저자나 제안자에게 크게 감사드린다. 그리고 출판을 도와준 울산대학교 출판부 관계자 여러분들께도 감사드린다.

울산대학교 재임 30주년을 보내면서

2009. 2. 28

저자 김 성득

차례

제2부 창의공학설계 과제

제1부 토목환경공학과 창의력

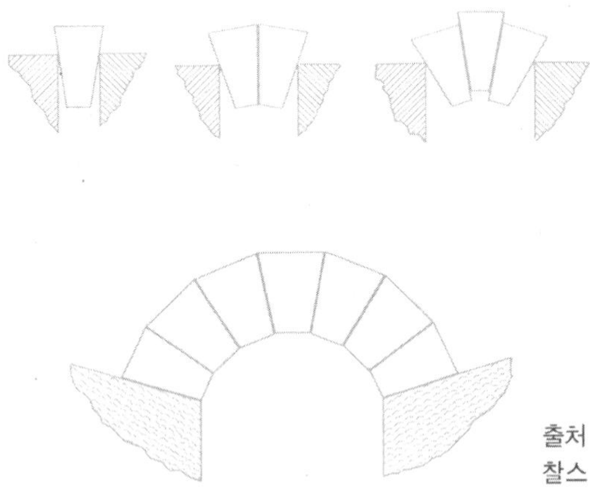

출처 :
찰스 사이플

1 지식기반사회와 사회자본

1) 21세기 신패러다임

(1) 인류사 세 번의 혁명과 21세기

인류가 지구상에 처음 등장한 시기는 약 300만 년 전 이었으나 아직 현생 인류처럼 진화되지 않았고, 약 20만 년 전에야 현생 인류와 같은 종인 호모 사피엔스(Homo sapiens)가 나타나 동굴에 살면서 정교한 석기를 사용하여 식물의 열매를 따 먹거나 물고기나 짐승을 잡아 먹고 양식을 찾아 무리를 지어 떠돌아다녔다. 약 3만 년 전에는 현생 인류의 직접적인 조상이 나타난 구석기시대로 동굴이나 움집에서 다른 동물과 달리 집단 생활을 하였으나 식량을 생산할 줄은 몰랐다.

지금으로부터 약 1만 년 전에 빙하기가 끝나면서 지구는 오늘날의 지형과 기후를 보이게 된 신석기시대를 맞았다. 예리한 돌도끼와 괭이, 낫, 칼 등을 이용하기 시작했고 곡식을 끓여 먹거나 보존할 토기도 만들게 되었다. 약 8500년 전쯤부터는 씨앗이 떨어져 싹이 나고 자라서 열매를 맺는다는 사실을 발견하고 한 곳에 머물며 농경생활을 시작하여 식량을 자급자족한 것이 긴 인류 문명사의 세 번의 혁명 중 제1혁명인 농업혁명(農業革命)이었다.

인류가 정착하여 농경생활을 시작하면서 무리 생활을 떠나 혈연관계를 통한 씨족 사회를 형성하였다. 인구가 증가하면서 사회가 복잡해지면서 씨족사회에도 우열이 생기고 유력한 씨족은 다른 씨족을 병합하여 부족을 이루고 큰 강 유역을 중심으로 도시가 발달하게 되었다. 도시는 도시 국가로 발전하거나 왕을 정점으로 하는 봉건국가가 탄생하게 되었다.

이러한 고대 국가는 동서방을 막론하고 사회의 최하층에는 노예가 존재했으며 이들 양 세계는 유목민의 활동 등으로 서로 접촉하게 되었다.

[그림 1-1] 그림으로 본 인류사의 변천

16세기에 이르러 절대 왕정을 중심으로 국가가 통일되었으며 약 200여년 전 18세기 말에는 시민혁명이 일어나 시민사회가 성숙하게 되었다. 동시에 1785년 E. 카트라이트가 최초의 직조기를 발명하여 자신에게 필요한 물건을 스스로 만들어 사용한 후, 제2혁명인 산업혁명(産業革命)으로 대량생산의 공업화·산업화시대가 전개되었다. 산업혁명의 진전으로 자본주의가 완성되게 되었다. 농부가 공장노동자가 되는 다른 의미의 계급사회인 초기 산업화시대에서, 제1차 세계대전(1914~1918)을 전후하여 핏줄로 이어온 귀족들이 자본가 계급으로 변신하고 더 많은 시장, 값 싼 원료를 확보하기 위해 식민지 쟁탈전이 벌어지게 되었다. 산업화가 진행되면서 실업과 빈곤 등 새로운 사회 문제가 나타났고, 노동자와 자본가가 대립하게 되었다. 1917년에는 러시아혁명이 일어나 자본주의와 공산주의의 이념대결이 전개되었다. 새로운 대륙에 세운 미국은 민주주의와 자본주의를 확립하여 강대국의 기반을 이루고 공산주의를 채택한 러시아와의 이념대결을 벌였다. 이념대결을 벌린 70여 년 동안 급속한 산업발전과 대량생산과 판매, 과학의 발전과 함께 강대국이 충돌하여 2차 세계대전을 거치면서 냉전체제를 지속하였다.

산업화는 과학기술의 혁신을 가져왔다. 비행기와 초음속 제트기는 지구촌 시대를 열게 되었고, 로켓의 개발로 미사일과 인공위성이 발사되고, 1969년에는 인간이 달에 착륙하게 되었다. 컴퓨터와 통신위성의 개발로 정보혁명의 토양을 마련하기도 했다. 1988년경부터 이념이 대립하던 냉전시대에서 두 진영의 균형이 깨뜨려지기 시작하였다. 1985년 구 소련의 고르바초프가 개혁과 개방을 선언한 후 1989년 공산주의 체제는 종말을 맞고, 새로운 질서가 시작되었다. 세계는 공존공영하면서 경제적으로 무한 경쟁을 하는 시대에 돌입하게 되었다.

이 새로운 질서는 마침 컴퓨터의 발전과 급속한 확대에 따른 인류사의 제3의 혁명인 정보혁명(情報革命)으로 정보화사회 나아가서는 지식기반사회와 함께 맞이하게 된 것이다. 우리 한국인은 지난 반세기 동안의 짧은 기간에 농업시대, 산업시대, 정보화시대를 동시에 맞이하는 특별한 위치에 있다. 이미 시작된 정보화시대가 만개하는 21세기에 새로운 패러다임(paradigm : 『사고방식, 행동, 습관의 시대적으로 고유하는 틀』, 보기, 모범, 유형, 패턴, 인식체계 등)에 능동적으로 대처해야 할 것이다. 우리 앞에 도래한 정보화사회도 우리도 모르는 사이에 새로운 패러다임의 창의력을 바탕으로 한 지식기반사회를 맞이하고 있는 것이 엄연한 현실이다.

(2) 지식기반사회의 신패러다임

창의력의 중요성이 무엇보다 강조되는 지식기반사회를 맞이함에 있어서 미래 예측의 방법과 미래 환경의 변화에 근거한 새로운 패러다임을 그려볼 필요가 있다.

최상철 교수는 급변하는 오늘날 미래를 예측함에 있어서 10년 이상의 단위로 미래를 예측하는 메가트랜드(Mega Trend)와 그보다 단기적으로 미래를 예측하는 마이크로트랜드(Micro Trend)의 경우를 나눌 수 있다고 하였다. 미래를 예측함에 있어서 현상의 최근 추세를 연장하는 방법을 사용하는 잠재적·대안적 메가트랜드와, 보다 적극적으로 바람직한 미래상을 설정하여 미래로 부터 현재와 그 과정을 내다보는 개연적 메가트랜드, 그리고 이 모두가 한계점이 있다고 보고 양자를 타협한 규범적 메가트랜드의 방법이 있다면서 규범적 메가트랜드 방법이 가장 옳다고 하였다. 21세기 지식기반사회에 전개될 새로운 패러다임으로 제시된 내용은 다음과 같은 것들이 있다.

■ 고도정보화사회

이미 고도정보화사회가 시작되었으며 앞으로 정보 및 기술 분야의 비약적인 변화가 올 것이다. 이 분야의 변화 요인으로 정보관련 기술의 급격한 진보, 첨단정보산업의 발전, 초고속통신과 멀티미디어 네트워크의 보급, 과학기술정보의 국가투자 증가, 과학기술의 비약적 진보를 들 수 있다.

농경사회에서는 자연이 모든 것을 지배했으며, 선조들이 터득한 지식과 정보가 전부인 시대로 자연과 조상을 숭배하면 되었었다. 뒤이은 산업사회에서는 지식과 기술을 얻기 위해서는 학습의 양을 늘릴 필요가 컸으며 공부하고 또 공부하는 시대(know what!)였다. 새로운 발명을 하거나 미지를 탐험하면서 부를 축척하는 시대였다.

이제, 우리가 전 학창시절에 배운 지식이나 브리타니카 백과사전의 내용이 CD롬 한 장에 담기는 정보화사회에서는 망망대해 정보지식의 바다에서 무한대로 저장된 내용 중에서 필요한 것을 찾아내어 상상력을 동원하여 기존 지식과 조합해 새로운 것을 창출하는 것이 21세기 생활의 방식이 될 것이다. 무엇을 얼마나 많이 아는 것이 중요한 것이 아니라 필요한 지식이 어디에 있는지 알고(know where) 잘 활용할 줄 아는 시대가 온 것이다. 창의력, 창조, 꿈 나아가서는 새로운 아이디어, 환상이나 발상의 전환이 필요한 시대이다.

단순히 기계를 조립하는 자동차는 이미 낡은 것이다. 기계와 전자, 디자인 그리고 세일즈와 사후관리(AS) 등이 잘 갖추어져야 된다. 앞으로는 에너지 절약과 환경을 고려해야만 살아남을 것이다. 종전에는 A지식, B지식, C지식을 각기 필요했으나 이제는 새로운 지식인 AB, AC, AAC, AABB, AABC 등의 지식이 필요하게 되었다. 생명공학, 유전공학, 산업안전공학, 정보경제학, 문화경제학, 종교관리학, 예술경영학, 철학스트레스치료학 등 기존의 학문이나 분야에 얽매이지 않는 새로운 시야로 적극적으로 동참해야만 살아남는 21세기가 될 것이다. 정보화와 함께 맞이한 지식반사회에서는 이제 필요한 것이 학습, 공부가 아니라 오히려 새로운 창의력, 나아가는 좀 엉뚱한(?) 발상과 아이디어가 필요한 시대이다.

■ 과학기술의 시대

농경사회와 산업사회를 거쳐 20세기 말에 지식산업, 정보산업, 서비스산업과 같은 탈산업사회로 이미 바뀌었고 21세기는 과학기술이 고도로 발전된 하이터치(High Touch) 시대가 될 것이다. 지식기반사회로 모든 분야에서 빠른 속도의 혁신이 필요한 시대이며 특히 과학기술 분야에서 국가나 기업이 무한경쟁을 펼치는 시대이다. 지식기반사회에서 더욱 발전하기 위해서는 첨단 과학기술을 가지기 위한 연구개발과 기술혁신이 필요하다. 지식기반사회에서 국가 경쟁력의 핵심은 산업재산권 보유와 같은 지식재산을 얼마나 가지느냐에 달려있다. 이러한 당면 과제를 해결하고 더욱 입지를 강화하기 위해서는 창의력을 가지면서 변화와 혁신을 주도할 진취성을 갖춘 과학기술 분야가 중요시 되는 풍토를 만들어야 할 것이다.

21세기 지식기반사회에서는 과학기술의 중요성이 그 무엇보다도 큰 과학기술 패권주의 시대라고도 한다. 미국 시사주간지 타임이 내놓은 21세기 보고서 '발견의 새로운 시대', 미국의 컴퓨터 전문잡지 와이어드의 '현실진단 - 다음 1천년을 위한 쇼핑리스트'와 독일정부의 '델파이 미래 연구 보고서'가 20세기 말에 21세기 새 밀레니엄 시대의 지구를 다음과 같이 그리고 있는데 지식기반사회에서 과학기술 분야의 창의력이 차지하는 비중을 느낄 수 있을 것이다.

즉, "2000년에 유전자치료법이 면역요법과 결합해 더욱 효과적으로 암을 치료하게 되며, 암과 에이즈같은 난치병은 2014년에 획기적 치료법이 개발된다. 2002년에는 살빼는 약이 상품화되고, 2003년에 상대방 얼굴을 보는 비디오 휴대전화기가 첫선을 보이고, 2005년에는 10초 정도 멋진 장면과 소리를 보여주는 비디오 우편엽서가 나와 시장을 휩쓸며, 또 눈을 뜨지 않고도 인터넷과 연결해 E메일을 읽고 웹사이트를 서핑할 수 있는 콘텍트렌즈가 나온다.

2006년에 건물 붕괴의 위험을 예고하는 분자센서가 개발되고, 온도를 조정하는 지능형 섬유가 출현하며, 대머리의 유전자 치료법이 등장한다. 2007년에 레이더를 이용한 충돌방지 자동차가 개발되고, 2010년에 주인의 목소리와 얼굴을 알아보고 가사를 돌보는 애완로봇이 등장한다.

2015년에는 모든 병의 유전적 원인이 밝혀질 질병 치료에 신기원이 이룩되며, 2017년 인류는 8천만km밖 화성에 첫발을 내딛고 2044년까지 화성에 사람이 거주하는 영구 식민지가 건설된다. 2018년 노화의 원인이 규명되어 인간의 수명이 획기적으로 연장되며, 2019년 무인자동차가 개발되고, 2020년 1천명을 탑승하는 시속 9백km의 여객기가 취항한다.

자궁의 인큐베이터에서 완벽하게 자란 아기가 2022년 처음으로 태어나는데, 엄마의 출산 고통도 사라지지만 과연 태중의 아기 같은 애정을 가질 수 있을까 논란이 인다. 2025년 뇌신호를 읽어 자동으로 작동하는 컴퓨터가 등장하며, 인공 폐, 인공 콩팥, 인공 간이 만들어지며 2030년에는 인공 다리와 완벽한 인공 눈까지 나온다. 스스로를 복제할 수 있는 마이크로 로봇이 2044년에 출현하고 사람의 몸속에 들어가 수술도 시행한다. 2500년 무렵이면 사람의 평균수명이 78세에서 140세로 노인천국의 시대가 열린다."

19세기 말인 1893년 미국 시카고 엑스포에서 지식인 74인이 20세기에 하늘을 나는 교통수단이 개발되고 전세계 통신망이 개설된다고 예측했었는데 1903년 라이트 형제의 비행기 운항과 오늘날 항공시대 및 급격한 통신의 발달을 견주어 볼 때 공상만의 일은 아닐 것이리라.

이와 같이 21세기 지식기반사회에서는 과학기술이 비약적으로 진보하는 시대이다. 과학기술도 이제 대중(Mass)화, 일방형, 정보전달, 생산중심으로 부터 각각 개성(Personal)화, 양방형·다방형, 정보창조, 인간친화적 방향으로 새로운 모범을 보일 것이다.

■ 장수, 여가, 분권의 사회

의학의 발달로 인간의 평균 수명이 연장되어 고령화, 장수사회가 될 것이다. 암까지 정복되어 20세기 말에 출생한 사람이 21세기를 다 살고 21세기 초까지 120년을 살 수 있는 시대가 될 것이다. 따라서 65세 이상인 노인 인구의 비중이 급격하게 커질 것이다. 노인 인구의 비중이 2000년 7.2%이던 것이 2019년에는 14.4%, 2026년에는 23.1%로 예측되고 있다. 노인 1인당 생산인구가 1980년에 16.3명이던 것이 2020년에 4.7명, 2030년에는 2.8명이 예측되고 있다. 이제 노인들도 약자로서의 고령자가 아니라 경력자로서의 고령자가 되는 새로운 시대가 될 것이다.

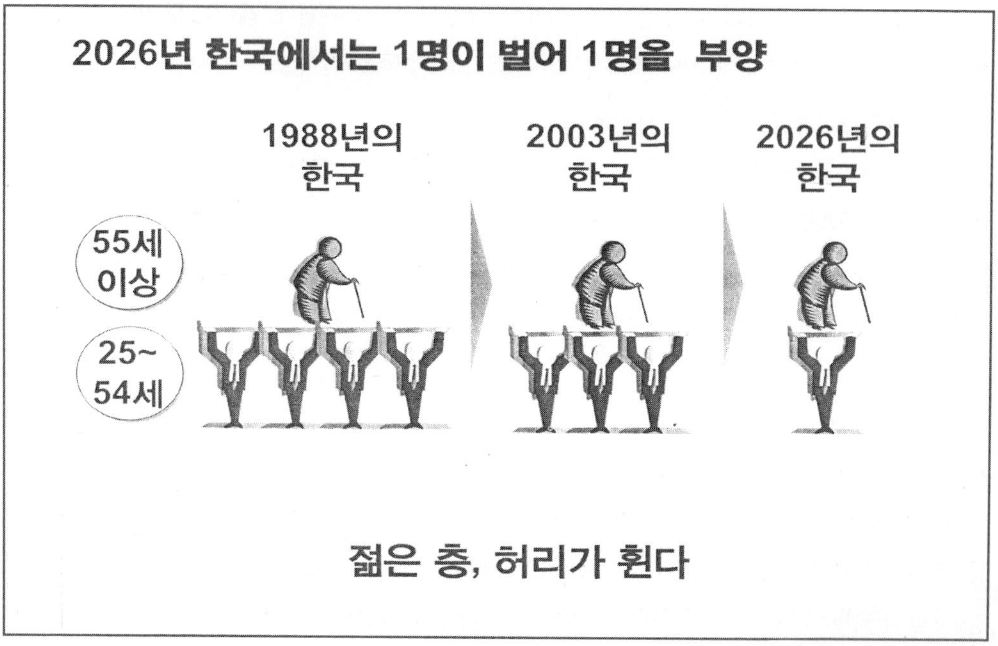

[그림 1-2] 2026년 한국, 초고령 사회

국경을 초월한 세계화의 추세와 함께 상주 인구를 중시하던 것에 비해 활동 인구를 중시하게 될 것이다. 수직적 하향식의 중앙 집중 사회에서 수평적인 집권화 분산 또는 민주적인 상향식의 분권화 사회로 바뀔 것이다. 미국의 주지사나 일본의 현(縣)지사 출신이 대통령이나 수상이 되듯이 지방의 논리가 중앙에 까지 침투하며 지방의 내발적 개발이 발달할 것이다.

여성의 현저한 사회 진출, 도시화의 급격한 진전, 도심과밀의 외부 비경계화, 자유 시간 증대와 정신적 만족추구와 라이프 스타일 변화로 새로운 모범이 대두될 것이다. 능률 위주의 사회경제시스템이 공존 화합의 사회경제시스템으로, 남성중심 사회에서 남녀공동참여 사회로 바뀔 것이다. 도시는 교외화, 분산화될 것이고 도시와 농촌의 공생과 통합하는 사회생활이 될 것이며, 일 중심 사고와 성취욕구 생활이 자유시간·여가·건강을 중시하는 생활 패턴으로 변할 것이다.

경제의 시대가 문화의 시대로 나아가서는 여가를 잘 활용하는 시대가 올 것이다. 문화와 여가는 동전의 앞뒤와 같다. 정년이 점점 빨라지고 인간의 수명은 길어지고 일하는 시간은 짧아져서 그 여가시간을 어떻게 활용하는가가 중요한 과제가 될 것이다. 10만 시간 일하던 사람이 5만 시간 일하고 놀지만 놀지 않는 상태를 어떻게 해결하는가가 큰 과제이다.

흑백 논리 위주의 택일적 사회가 여러 가지 가치관을 중시하는 다원적 사회로 변할 것이다. 책방에서 볼 수 있는 다양한 잡지를 보면 알 수 있는데, 여성지의 경우 연령별 잡지는 물론 결혼 직전과 직후, 첫 애기 낳기 전과 후 읽을 잡지 등 이십여 가지가 있음이 그 단적인 예다.

이 모든 것과 함께 교육도 크게 바뀔 것이다. 남들이 할 수 없는 창의력을 가지고 새로운 발상을 하는 사람이 성공하는 시대에 맞는 교육이 될 것이다. 칠판에 마구 쓰는 암기식 공부는 사라지고, CD롬이나 인터넷을 통한 교육이 확대될 것이다. 화면에서 직접 대화하며 피그미족과 대화하는 그런 시간도 올 것이다.

■ 국경 없는 경제

21세기는 자본주의와 사회주의 진영 간의 끈질긴 대립이 끝나고 외곬의 이데올르기에 얽매이지 않는 시대에 접어들었고, 또 첨단기술과 교통통신의 발달로 세계의 모든 지역이 지구촌화·세계화되고 있다. 이제 사회·경제 현상의 무국경화(Borderless)가 진전되고 있다.

한편, '세계화'를 부르짖으면서도 '지역 위주의 민족중심주의 가치가 여전히 엄존함'도 사실이므로 '가장 지방적인 것이 가장 세계적이다' 또는 '지방세계화(Glocalization)'를 되새기면서 밀려오는 변화의 격랑 속에서 우리의 것을 지키면서 세계와 공존하는 방책을 찾아야 할 것이다.

농경사회에서 산업사회로 되면서 제조업 중심의 장치산업이 번성하였다. 미국 철강도시 피츠버그와 자동차도시 디트로이트가 그 예이다. 그러나 탈산업사회인 지식정보화시대는 무형태, 인간중심, 기술중시의 산업이 성장할 것이다. 하이타치(High touch)시대로 산업과 정보통신 그리고 금융과 같은 산업이 중심 역할을 하게 될것이다. 빌 게이츠와 같은 컴퓨터 재벌이 탄생된 것이 그 예이다. 노점상 중심의 가로경제가 구멍가게 위주의 가계경제로 바뀌었다가 슈퍼나 마트와 같은 기업경제가 탄생되었지만 국경 없는 세계 경제에서 정보화를 활용한 경제가 그 중심이 될 것이다.

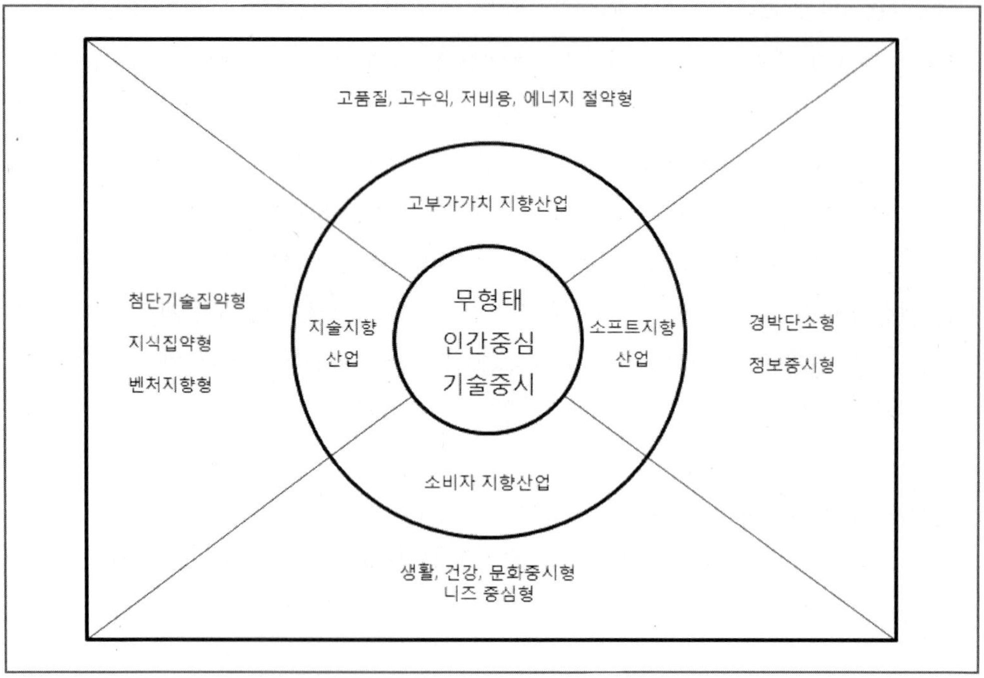

[그림 1-3] 미래 성장산업의 특징

세계경제도 무한생존의 대경쟁시대에 돌입할 것이며 도시 중심의 세계적인 경쟁과 협력도 심화되고, 중소기업도 그 활동을 세계무대로 펼쳐 일등 물건을 생산하고 판매하는 것만이 살 길이 되게 되었다. 사회문화와 산업환경도 변화하여 실버 관련 산업이 다양화될 것이고, 정보 중심의 경제사회 구조가 정착될 것이다. 기술 보호주의도 한층 강화되고, 환경

산업이 급속히 발전되면서 생산과 무역에서 환경 규제도 강화될 것이다.

자원 및 환경 분야에서도 새로운 모범이 많이 대두될 것이다. 자원이 점차 고갈되고 지구 규모의 환경과 에너지 문제가 발생하고 이상기후로 인한 식량자원이 부족하고 곡물가가 급등할 것이며 생태계 보전 및 쾌적한 환경을 추구하려는 움직임이 넓게 일어날 것이다. 그리하여 순환형 신에너지와 재생가능한 에너지가 개발되고 리사이클 시스템이 도입될 것이다.

이상 기후로 인한 식량자원이 부족되어 곡물가가 급등하여 식량을 안정적으로 확보하려 할 것이다. 환경문제도 지구적 차원으로 관심이 높아질 것이다.

도시화는 이제 거의 끝나고 도시와 도시가 연결되어 광역화·도시화되고, 나중에는 포도송이처럼 되어 메가로폴리스를 나타낼 것이다. 일본의 경우 도쿄-오사카-후쿠오카를 연결하는 신간선 일대에 8천만 인구가 결집하여 일본 인구의 2/3를 차지하게 되었으며, 우리나라 부산의 경우도 울산방면, 마산방면으로 양쪽 날개를 펼 것이다.

한편, 국경을 벗어난 도시화가 진행되어 애큐메노폴리스의 형태가 우리 주변에도 나타날 것이다. 일본의 도쿄를 출발해서 후쿠오카에 이어 해저터널 - 대마도 - 부산 - 서울 - 남북통일후 평양 - 신의주 - 중국의 심양 - 북경 -천진을 연결하는 역(逆) S자 모양의 2000km길이에 북경-서울-도쿄를 잇는 소위 BESETO를 포함한 20만 이상의 도시가 118개 있는 진주목걸이 시대가 올 것이다. 이때 이들을 연결하는 초고속철도의 역할이 매우 클 것이며 부산과 울산의 경우도 이 라인의 예외지역이 아니므로 그 준비에 박차를 가해야 한다.

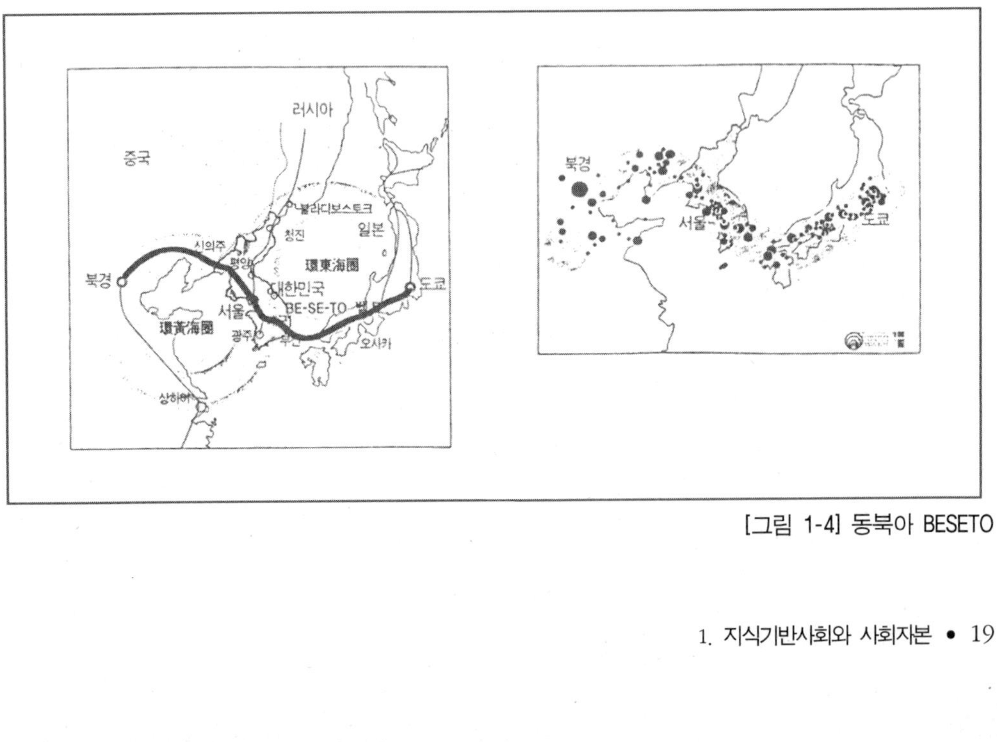

[그림 1-4] 동북아 BESETO

국토 및 도시 분야에서 지방화가 급진전되고 지방도시가 성장하며, 도시·지역간의 생활권이 중시되고, 수도권 중심과 대도시의 인구가 감소될 것이다. 그리하여 지역이 균질화, 개성화, 네트워크화되고 지역과 도시의 연계에서 지역의 광역화와 국제지역간 네트워크화될 것이다. 대규모 도시개발에서 고밀도·입체적 도시를 건설하고 자연녹지를 최대한 확보하고 안전도시를 중시하는 새로운 국토와 도시의 모범이 전개될 것이다.

국제 및 산업 분야와 인류의 남북(南北)문제에도 새로운 모범으로 바뀔 것이다. 세계화·지구화(Globalization), 지방세계화(Glocalization)시대가 될 것이다. 국가중심·다국적화에서 초국가경제권화(Super Nation) 및 지역경제권화(Region State)로, 장치형산업 중심에서 신기술 소프트산업으로, 제조업 중심에서 지식·정보·서비스 산업으로 변할 것이다. 다수 인류의 빈곤과 남북(南北)문제에서 공공원조 등으로 빈곤을 극복하고 세계적으로 공존 공영하는 새로운 모범이 대두될 것이다.

2) 지식기반사회의 사회자본

(1) 사회자본 정비를 둘러싼 경제사회의 변화

21세기는 지방화가 급진전되고 사회자본시설의 정비로 도시와 지역간의 생활권이 연계되며, 개발 사업이 집적의 논리에 따라 고밀도·입체화되면서도 자연녹지를 최대한 확보한 안전도시를 중시하는 새로운 국토와 도시의 모범이 전개될 것이다.

개인이나 기업 등이 다양한 사회경제 활동을 영위하기 위하여 불가결한 사회적으로 공유되는 기반을 사회간접자본시설(Social Overhead Capital : SOC)이라 하며 인프라스트락쳐(Infrastructure ; 줄여서 '인프라')로도 불린다. 사회(간접)자본(시설)의 예로서 도로, 철도, 항만, 전기, 전화, 상하수도, 가스, 병원, 학교, 공원 등을 들 수 있다.

도시와 국토의 근간을 이루면서 시민생활과 경제활동의 기저가 되는 사회자본시설도 지식정보화시대의 도래와 함께 새로운 환경 변화를 맞이하고 있다. 그리고 사회자본시설도 그 주체나 목적과 내용 등에서 새로운 변화를 요구하고 있다. 사회간접자본 정비를 둘러싼 21세기 경제사회의 변화로서 고령화(高齡化)의 진전, 국제화(國際化)의 진전, 정보화(情報化)의 진전과 도시화(都市化)의 진전을 들 수 있다.

20세기말부터 출생율은 낮아지거나 완만한 상승을 하고 평균 수명의 신장 등으로 고령인구가 급속히 증가하고 있다. 급속한 고령화의 진전은 국민의 저축 성향을 둔화시키고, 사회보장비를 포함한 국민의 조세 부담율이 증가될 것으로 예측되며 금후 사회자본정비에 대한 재원 확보가 현재 이상으로 곤란해질 것이 예측된다. 이러한 의미에서 21세기 초반 10~20년은 사회자본정비의 중요한 시기이다.

한 나라의 경제는 좋은 의미에서든 나쁜 의미에서든 세계와 무관해질 수 없는 시대를 맞이하고 있다. 세계경제 속에서 지속적인 발전을 이어가기 위해서는 적극적인 역할을 해야 한다. 보다 높은 차원의 부가가치를 부여하기 위한 경제의 고도화가 추진되는 한편, 산업의 국제적인 수평 분업 체제를 구성하는 등 국제화는 더욱 추진될 것이다. 금융시장에 대한 국제화도 빠르게 확대될 것이며, 사람과 물건의 국제적 교류도 서울 및 지방을 통해 큰 확대가 예상된다. 이와 같이 국제화의 흐름에 따라서 사회자본의 분야에서도 산업의 국제화를 위한 교통통신 기반의 정비나 지역의 국제화를 위한 항만과 공항 및 이것을 중심으로 한 국제교류시설의 정비가 요청된다.

국가경제의 정보화를 보여주는 정보화율(정보생산액 : 명목GNP)이 크게 증가해 앞으로 정보화가 급속히 진전될 것이다. 정보화의 진전은 기업간의 복합적인 네트워크화, 가정에서의 다양한 정보통신 미디어의 보급을 통하여 지역간의 시간과 거리를 극복하여 여러 국면에서의 교류의 가능성을 확대하는 것이 기대된다. 이 때문에 광파이버, 통신위성 등의 새로운 전송수단을 활용하여 각종 통신 서비스를 포괄하는 ISDN(서비스종합디지털망)의 전국적인 형성을 꾀할 것이다. 그리고 지역에서는 CATV를 시작으로 각종 정보통신 미디어의 보급과 데이터 베이스의 구축이 필요하다.

도시화의 진전을 보는 지표인 DID인구(인구집중지구 인구)가 급격한 증가를 보이고 기존 도시의 확장도 더욱 확대를 보이고 있다. 더욱이 도시화의 진전 중에서도 수도권 등 대도시권의 인구집중이 가속되어 국토의 균형있는 발전에 저해되는 우려가 있다. 한편, 도시화 진행 중 소득수준 향상에 따르는 소비성향의 변화, 노동시간의 단축에 따르는 여가시간의 증대 등 국민생활 분야에서의 변화도 급속히 진전하여, 이에 따라서 발생하는 욕구의 다양화 등에서도 정확하게 대응하는 사회자본의 정비가 요구된다.

한편, 사회자본 정비의 변화 내용으로 주체의 변화, 목적의 변화, 내용면에서 획일성에서 다양화함을 들 수도 있다. 종래 사회자본의 정비의 주체로 주로 국가나 지방공공단체 등에 의한 공공사업으로서 진행되어 왔으나, 최근 행정개혁의 필요성이 높아지고 국·공영사업의 민영화나 규제 완화의 움직임 등으로 민간의 자금이나 인재를 도입함으로써 민간의 자유로운 발상이나 경영 노하우를 살려 효율적으로 사업을 전개하는 환경이 되고 있다. 일본의 간사이 국제공항이나 도쿄만 횡단도로 건설은 민간활력을 도입한 대규모 프로젝트이다.

산업사회 초기에는 철도, 항만, 공업용지와 용수, 전력 등 산업기반 정비에 중점을 두어 사회자본을 양적이나 질적으로 어느 수준에 올렸다. 그러나 고도 경제성장기를 거쳐 물질적 풍부함이 높게 되면 마음의 풍요로움이나 생활의 질을 중시하고 사회자본에 대한 국민의 욕구도 급변한다. 따라서 앞으로 사회자본 정비의 목적도 산업기반 정비에서 생활의 질 향상이나 여유·쾌적성을 가져오는 생활관련 사회자본 정비로 옮겨지고 있다.

균질적이고 획일적 경향이 강했던 사회자본 정비도 개인 가치관의 다양화를 배경으로 여유나 풍요로움을 지향하는 생활자를 중시하는 시대를 맞이하고 있다. 다양화된 지역 주민의 욕구에 부응하고 지역의 특성을 살리고 지역의 개성에 맞는 사회자본을 정비해 나갈 필요성이 높아지고 있다.

이제 사회자본정비의 기본적 방향에 대해 살펴보기로 한다. 경제가 고도성장을 계속하던 시대는 민간의 설비투자에 대하여 사회자본 투자가 뒤떨어지고 경제성장의 장애가 되어 양적인 투자를 증대하려고 하였다. 경제가 안정 성장기에 들어섬에 사회자본은 양보다 질의 고도화가 요구되어 생활환경, 경관, 생활의 편리성, 여유와 윤택 등을 실감할 수 있는 국토조성에 중점을 둘 것이 요구된다. 고령화, 국제화, 정보화, 도시화 등이 차츰 진전되어 가는 중에 욕구의 변화를 정확히 받아들여 효과적으로 대응해야 할 것이다. 즉, 다극분산 촉진을 위한 고속교통 네트워크의 정비, 풍요를 실감할 수 있는 경제사회 실현을 위한 국민생활기반의 정비, 산업구조 조정의 원활화를 위한 기반정비, 다음 세대로 향한 새로운 발전 기반의 정비 등이 그것이다.

사회자본 정비를 원활히 진행하기 위해서는 재정의 확보와 정비주체에 관한 노력이 필요하다. 국토종합계획의 목표를 달성하기 위해서는 공적 부문과 민간 부문의 제휴를 포함한 막대한 국토기반투자가 필요하며, 공적인 투자에 대해서는 경제성장률과 같은 정도의 투자확대를 하는 것이 필요하다.

(2) 지식기반사회 사회자본의 과제

● 사회자본 정비 주체와 재원

사회자본은 종래 주로 국가 또는 지방자치단체가 사업주체로서 정비해왔으나 최근에는 민영화, 민관합작 등 정비 주체의 변화가 발생하였다. 그리고 욕구의 고도화와 다양화에 따라서 질이 높고 다양한 서비스가 요구되어졌고, 일부에서는 민간의 사회자본 정비가 정착되어갔다.

사회자본의 정비 재원은 조세, 공채, 각종 부담금, 재정투융자 자금, 민간자금 등이 있으며 이것들을 적절히 조합할 필요가 있다. 사회자본 수익의 범위가 특정적일 경우 그 정도에 따라 부담할 필요가 있고, 지가상승에 관해서는 세금이나 개발자의 부담 등으로 흡수할 필요가 있다.

미래 세대에도 편익이 미치는 사회자본에 관하여는 공채에 의한 정비도 세대간의 부담을 공평히 한다는 점에서 효과적이다. 그러나 앞으로 고령화사회가 급속히 진전되면 젊은 세대의 사회보장 부담을 포함한 미래 세대의 부담이 무거워질 것이기 때문에 미래 세대에 과도한 부담이 되지 않도록 하는 배려가 필요하고, 공채와 조세에 관하여도 적절한 부담 비율을 형성해 갈 필요가 있다. 민간자금의 활용도 중요한 과제이고, 민간자금의 도입을 용이하게 하기 위하여 각종 혜택 부여가 필요하다. 또, 앞으로는 지방공공단체의 역할이 보다 중요해질 것이고 지방재정의 강화가 필요하다. 앞으로의 사회자본 정비는 연구개발 등 새로운 전개도 필요하다.

• 사회자본 정비의 효율화

앞으로의 사회자본 정비를 보다 효율적이고 전략적으로 하기 위하여서는, 사회자본 투자에 관계된 비용과 편익에 관하여는 평가를 중시하고, 사회자본 상호간에의 대체성과 보완성을 감안하여 종합적이고 계획적인 정비에 힘쓸 필요가 있다.

사회자본 정비에 맞추어 시공기술의 진보 등을 배경으로 공기단축이나 건설비의 축소가 필요하다. 기술개발을 적극적으로 추진하여 원가 절감과 시장원리에 입각한 공정한 경쟁을 하여서 기술과 경영에 뛰어난 기업이 성장하도록 정비하고 생산성 향상에 힘쓸 필요가 있다.

사회자본 정비에 있어서 공공복지와 개인 권리의 조정을 원활히 하되 공공복지 우선이라는 국민합의 형성에 힘쓰면서 필요한 경우에는 토지이용제도를 적극적으로 활용하는 것이 필요하다. 용지 취득에 필요한 시간의 단축이나 보상비의 감축을 꾀하는 것이 필요하고, 지하공간을 공적인 목적으로 이용하는 것도 적극 검토한다.

• 사회자본의 유지·갱신비

사회자본시설의 노쇄화가 진행됨에 따라서 현재 시설의 유지비(maintenance costs)와 갱신비(renewal costs)가 급속히 증가할 것이 예상된다. 따라서 장기간 시설을 이용할 수 있고 유지·갱신도 기술적으로 쉬운 것으로 하는 등 양질이고 총경비가 저렴한 사회자본 형성을 추진하는 것이 중요한 과제이다. 장기적이고 종합적인 시각에서 유지보수비, 갱신투자, 신규투자를 포함한 사회자본의 총비용 저렴화를 꾀하는 방책에 대한 검토가 필요하다.

앞으로 경제사회의 변화와 인구동태의 변화 등으로 시설의 신설 당시와 비교하여 사회자본의 역할이 변화하는 경우도 생기기 때문에, 항상 이용현황을 파악하고 다른 용도로의 전용을 포함하여 기존 시설의 효과적 이용을 검토할 필요가 있다.

- 국민생활의 질 향상과 균형 정비

경제 규모의 확대에 따르는 물질의 풍요에서 심리적인 풍요를 위한 공원, 하수도, 복지시설, 의료시설, 문화시설, 교육시설 등의 국민생활의 질적 향상을 위한 생활관련 시설에 대해 높은 요구가 일어날 것이다.

국민생활의 질 향상을 도모할 뿐 아니라 양호한 지역환경을 선도하는 사회자본 정비가 필요하다. 도로 개설 위주의 관점에서 나아가 도로변의 녹음공간 확보, 상점의 정비, 보행자공간의 확보와 지하공간의 활용 등으로 변해야 할 것이다. 하천도 홍수 범람에 대처하는 안전도 확보 외에 지역주민이 쉽게 접촉할 수 있는 공간의 기능이 보태어져야 할 것이고, 항만도 편리성은 물론 휴식공간, 국제교류 등의 기능이 보태져야 할 것이다. 종전의 사회자본이 '하드 인프라'라면 사회자본 정비는 '소프트 인프라'로 변화되어야 할 것이다.

수도권 중심이 아닌 다극분산형(多極分散型) 국토를 형성하기 위해 지방권에서의 산업개발, 국제교류의 기반정비와 고차원 도시기능의 지방 전개, 교류의 기반이 되는 교통과 정보통신 체계간의 정비가 중요하다. 그리고, 사회자본정비의 요구가 개발도상국에서 매우 높아져 경제협력에서 사회자본 정비의 비중이 크게 될 것이다.

(3) 사회자본과 민간활력의 활용

사회자본은 종래 주로 국가 또는 지방자치단체가 정비해왔으나 최근에는 민영화 등 정비주체의 변화가 발생하였다. 그리고 건설이나 운영 부문에서 다양한 서비스가 요구되어지면서 민간의 사회자본 정비가 정착되어 가고 있다. 민간부문이 지닌 기술력, 자금력, 경영 노하우라는 능력을 민간활력(民間活力, private sector vitality)이라 한다. 민간활력의 활용(utilization of p.s.v)은 이러한 능력들 활용하여 사회자본 정비를 도모하는 것이다.

민간활용을 하는 경우 민간자금을 활용하던가 민간의 참여를 구하는 것으로 사업의 채산성이 문제가 되어 민활의 대상 분야는 한정되게 된다. 공공재(公共財)는 순수공공재와 공공가치재로 나뉘며 전자는 경합성과 배제성이 없는 것으로 민간에서는 공급이 어렵다. 공공가치재는 배제가 가능하며 시장성이 높은 것은 사업의 채산성도 충분해서 민간 대상 분야는 이 분야에 적용된다.

민간활력 활용의 관련법으로 일본의 민간사업자 능력 활용으로 특정시설정비촉진에 관한 임시 조치법('민활법')이 1987년 제정되었고, 우리나라도 1994년 사회간접자본시설에 대한 민간자본유치촉진법 및 동법 시행령이 제정되었다.

민간활력의 체계로 크게 민간사업 활동을 활성화하는 목적과 공적사업 분야에서의 민간활력 활용을 목적으로 하는 것으로 구별된다. 전자는 규제완화(경제적 규제완화, 사회적 규제완화), 혜택부여(보조금, 정책금융, 우대세제 등과 관련 공공시설의 정비)의 방법이 있고, 후자는 민간사업 주체의 참여(제3섹터, 공설민영사업, 민간위탁), 민간자금의 활용(민간으로부터의 융자와 출자, 민관협력사업, 개발이익의 환원), 민관종합 프로젝트, 국공유지 유효활용(토지신탁, 국공유지중심 도시개발), 민영화 등의 방법이 있다.

고도의 경장성장을 지속해 오면서 사회자본시설에 대한 수요는 급격히 증대해 왔으나, 공급이 이에 미치지 못하여 주요 사회자본시설이 크게 부족한 실정이다. 도로는 교통체증으로 인한 국민경제적 손실이 연간 약 6조원에 달하며(1994년), 철도의 경우는 90년대 중반 이후에는 수송능력이 포화상태에 이를 것으로 전망되고, 항만 물동량이 지속적으로 증가하는데 반해 항만시설이 적기에 확충되지 못하고 있으며, 공항도 늘어나는 항공수요에 대처하기에 미흡한 상황이다.

경제규모의 지속적인 확대, 무역량의 증가, 국민소득수준 향상 등으로 앞으로 사회자본시설에 대한 질적·양적 수요는 크게 늘어날 것으로 예상되어 사전에 대비가 없을 경우 현재의 수급불균형은 더욱 심화될 것이다. 무한경쟁의 국제화시대에 국가 경쟁력을 강화시키자면 사회자본시설 분야에 대한 확충과 효율적인 운영이 절대적으로 필요하며, 경제의 지속적인 성장을 위해 사회자본시설의 확충에 정책의 최우선 순위를 두고 투자를 확대해야 할 것이다. 이를 해결하기 위해 기존의 틀에서 벗어난 새로운 사고의 도입과 정책의 일대 전환을 통한 문제의 해결이 필요하다.

지금까지 사회자본의 건설과 운영은 국가 등 공공부문의 고유 영역으로 인식되었으나, 민간의 창의와 효율을 도입하기 위해서 민간의 참여가 필요한 단계가 왔으며, 세계적으로도 민영화 추세와 함께 공공시설의 건설과 관리·운영에서 민간부문의 역할이 크게 증대하였다. 영-불간 유로터널 건설사업, 프랑스의 유료고속도로사업에서 민자유치로 건설 및 운영, 일본의 1986년 '민활법' 제정을 계기로 공공투자사업에 민간의 자본과 효율을 활용, 동남아 각국 및 남미국들도 민간부문의 능률적 경영능력을 활용하고 있음이 그 예이다.

우리는 그동안 유로도로법, 항만법, 철도법 등 개별법에서 민자유치의 근거를 일부 마련했으나 체계적이지 못하고 수익성 보장과 경영권 안전장치도 미흡하여 민간부문의 참여가 미흡했다. 따라서 민자유치의 절차와 방법, 수익성과 경영권의 보장 등을 제도화하면서 사업추진의 투명성과 공정성을 유지하기 위한 틀로서 '사회간접자본시설에 대한 민간자본 유치촉진법'을 1994년 제정하였다.

이법에 의한 민자유치 대상이 되는 사회간접자본시설에는 제1종 시설과 제2종 시설이 있다.

제1종 시설은 지금까지 정부나 공공기관이 주로 시행하여 왔던 공공성이 강한 시설로서, 준공 후 시설의 소유권이 국가나 지방자치단체에 귀속되며 사업시행자는 투자비를 회수할 수 있는 기간동안 당해 시설에 대한 관리운영권을 갖게 되는 시설이다. 도로 및 도로부속물, 철도, 도시철도, 항만시설, 공항시설, 다목적댐, 수도, 하수도 및 하수종말처리장, 하천부속물, 어항시설, 폐기물처리시설, 전기통신시설(12개 - 1995년)이 있다.

제2종 시설은 제1종 시설보다는 공공성이 상대적으로 낮으나 주로 국민편익증진 차원에서 조속한 확충이 필요한 시설로서 시설 준공 후 사업시행자가 소유권을 보유하고 운영할 수 있는 시설이다. 전원설비, 가스공급설비, 집단에너지시설, 전산망, 유통단지, 화물터미널 및 창고, 여객자동차터미널, 항만종합여객시설, 관광지 및 관광단지, 노외주차장, 도시공원, 폐수종말처리시설, 축산폐수정화시설, 자원재활용시설, 생활체육시설, 청소년수련시설, 도서관, 박물관 및 미술관(18개 - 95년)이 있다.

3) 사회자본의 변화와 소프트 인프라

(1) 사회자본에 대한 새로운 관점

지식정보화시대를 맞이하는 현재에도 사회자본의 분야에서는 소프트(soft)면에 대한 인식이 낮은 채 하드(hard)부문의 정비에 치중하고 있다. 그러나 최근에 신사회자본 등 새로운 사고방식이 제창되어 지금까지의 사회자본에 비하면 소프트 부분이 중시되고 있다. 사회자본은 하드 부문만으로는 불충분하고 하드부문을 활용하기 위한 틀과 제도 등의 소프트 부문도 매우 중요하다. 철도라는 하드가 충분히 기능을 발휘하기 위해서는 운행일정이나 예약시스템이라는 소프트 부문이 충실해야 한다. 테그노폴리스 구상과 같이 소프트는 하드에 종속하는 것이 아니고 제도 및 틀과 같이 그 자체가 사회기반으로서 기능하는 것도 있다.

경제활동에 있어서 지식집약형 산업이나 서비스 산업이 차지하는 비중이 높아지고 있고, 제3차 산업이 만들어 내는 부가가치나 거기에 종사하는 근로자의 비율이 급속히 증가하고 있다. 또한, 제1차 산업이나 제2차 산업의 활동에 있어서도 기획, 기술개발, 정보수집, 마케팅 등 소프트 부분의 비중이 높아지고 있다. 이러한 경제사회의 변화는 산업이나 기업의 활동 뿐 만 아니라 사람들의 의식에 이르기까지 여러 방면에 걸쳐있으며, 이와 같은 사회의 움직임을 배경으로 사회자본에 대한 새로운 사고방식이 나타나고 있다.

1990년 일본 통산성은 '2000년의 산업구조'에 있어서 새로 정비되어야 할 사회자본으로 크게 '가일층의 정비가 요구되는 사회자본'과 '새로운 정비가 필요한 사회자본'의 두 가지, 작게는 다음의 다섯 가지로 구분된다.

기존의 사회자본 가운데 경제발전과 사회구조의 변화 등에서 '가일층의 정비가 요구되는 사회자본'으로, 쾌적·편의 사회자본(어메니티 인프라스트락처)과 경제발전기반 사회자본(병목제거 인프라)이 있다. 어메니티 인프라는 종래보다 절대적으로 부족한 편의와 쾌적을 가져오는 인프라로, 그 예는 하수도, 도시공원, 주차장, 스포츠시설, 레저시설, 사회복지시설, 경관시설 등이 있다. 병목제거 인프라는 경제활동의 진전에 따라 상대적으로 부족하다고 느껴지는 인프라로서, 그 예는 도로, 공항, 항만, 정보통신시설, 물류관련시설, 폐기물처리시설, 자원리사이클센터 등이 있다.

기술혁신과 산업형태의 변화에 대하여 '새로운 정비가 필요한 사회자본'인 뉴(new) 인프라스트락처로서, 고도화 사회자본(advanced 인프라), 융합화 사회자본(hybrid 인프라), 소프트화 사회자본(soft화 인프라)이 있다. 고도화 인프라는 종래형 사회자본을 사회환경의 변화에 맞추어 보다 효율화, 청결화, 고속화, 대용량화, 고급화된 사회자본으로, 미이용 에너지 열 공급시스템, 대형입자 가속기나 비파괴 시험센터 같은 대형 기초연구시설 등이 그 예이다. 융합화 인프라는 종래형 사회자본의 장점을 집약한 사회자본으로, 버스와 택시를 융합한 교통기관인 demand bus, 전차와 버스를 융합한 신교통시스템, 궤도형과 비궤도형 교통을 융합한 dual mode system 등이 있다. 소프트화 인프라는 종래형 사회자본을 효율적으로 이용하기 위한 시스템으로, 홈 오토메이션 시스템, 부가가치정보망, 교통체증정보시스템,

주차장안내시스템 등이 있다.

1994년 일본의 노무라종합연구소는 지금까지 시설이나 설비 중심의 사회자본 정비를 개선하고 소프트웨어를 중시함으로써 전인격적인 풍요로움을 실감할 수 있도록 사회자본을 정비하기 위한 풍부한 인간관계의 관점에 선 사회자본의 형성으로 '휴먼(human) 인프라스트락처'를 제창하였었다.

(2) 소프트 인프라스트락처와 배경

경제활동이나 일상생활의 기반이 되는 시설로서의 도로, 철도, 항만, 공항, 전기, 전화, 가스, 상하수도, 병원, 공원, 학교, 공공주택 등 '사회적 기초시설'이라 정의되는 '하드 인프라스트락처'에 대해, 생활, 문화, 산업 등의 여러 활동 및 생활주체의 실효성을 직접, 간접으로 높이는 사회의 기초적인 틀·제도·사고방식·아이디어 등의 지적인 시스템을 '소프트 인프라스트락처'로 정의한다.

소프트 인프라는 단순히 하드 인프라에 종속되는 것이 아니라 틀·제도와 같이 그 자체가 사회의 기반으로서 기능하는 것도 있다. 인프라 정비 변화의 예로 문화홀(Hall)을 들 수 있다. 문화홀은 지방화시대에 있어서 새로운 지역 진흥의 요체로서 지방은 이것을 갖추려 하고 있다. 지금까지는 홀을 홀 시설(하드부문)과 홀의 사용방법(소프트부문)이 분리되어 시설설비의 연구나 사용방법의 연구가 있어 왔다. 그러나 앞으로는 새로이 정비된 소프트가 새로운 하드를 만들어 내어 고도화된 하드와 질 높은 소프트가 함께 하는 새로운 인프라라는 사회자본으로 성장해 가야 하는 것이다.

사회구조는 다양한 요인이 복잡하게 서로 얽혀서 변화하고 있고, 특히 근래의 변화는 큰 물결을 이루면서 전개되고 있다. 그 변화를 나타내는 대표적인 것으로서 다음의 10가지를 들 수 있다.

국제화의 진전이다. 고속 교통기관이나 정보통신기기의 발전과 네트워크화, 경제의 무(無)국경화 등이 국제화를 급격히 진전시키고 있다. 입국 외국인수의 증가나 해외여행자수의 증가 등에서 알 수 있다.

정보화의 진전이다. 사회경제의 발전과 기술혁신에 따라 정보화가 급격히 확산되고 있다. 높아지는 정보욕구에 대응하는 정보공급의 증대가 기술발전을 가져오고, 정보처리의 고성능화, 처리의 대량화, 코스트의 저렴화를 실현함으로써 보다 고도의 대량 정보에 대한 욕구를 촉발한다. 산업분야 뿐만 아니라 일반가정에서도 정보의 고도 이용이 진전되고 있다.

고령화의 진전이다. 인구구조는 사망률의 저하와 출생율의 저하 등으로 급격히 고령화되고 있으며, 고령화의 진행은 사회기반의 정비 그 자체에도 영향을 미친다.

도시화의 진전이다. 수도권의 도시집중이 커지고 있으며, 중핵(中核)도시의 집적이 진행되는 등 지방의 도시간 격차도 확대되어 국토구조의 재편성이 요구되고 있다.

이동성의 향상을 든다. 도로, 철도, 항공 등 교통기관이 발달함에 따라 사람이나 화물의 이동성이 현저히 증대되었다. 이동시간의 단축이나 수송량의 증대는 산업동향이나 라이프스타일에도 큰 영향을 주고 있다.

가치관이 다양화 했다. 국민의식이 '재화의 풍부함'보다 '마음의 풍요로움'을 중시하게 됨으로써 사회 그 자체가 크게 변화하고 있다. 또한 '자유시간의 증대', '근무형태의 다양화' 등의 현상도 나타나고 있어서, 여가와 레저를 중시하는 경향이나 소비행동의 변화, 욕구의 다양화 등이 현저히 나타나고 있다.

지속가능한 사회의 이행을 든다. 오존층의 파괴, 지구의 온난화나 사막화 등으로 대표되는 환경문제가 심각해짐에 따라 환경이나 자연생태 등에 대한 관심이 높아지고 있다. 그 결과, 종래의 효율중시의 사고방식은 점차 환경친화적인 라이프스타일로 변화해 가고 있다.

산업구조의 변혁을 든다. 경제의 글로벌화가 진행되고 있고, 산업별 취업자 수에 있어서 제1차 산업의 감소와 3차 산업의 증가가 지속되고 있다. 또한, 산업구조의 변화는 각각의 산업 가운데서의 고도화를 촉진하고 있다.

생활과 문화수준이 성숙화 했다. 경제성장과 더불어 생활수준이 향상되고 소비도 늘어서 기업 활동도 종래의 생산중시·공급자중심에서 생활중시·소비자중심으로 관점이 바뀌고 있다. 생활이나 문화의 향상에 대한 욕구를 높이는 동시에 여성의 사회진출이 당연한 것으로 인정되는 등 새로운 사회가 조성되고 있다.

지역에의 귀속의식 변화를 든다. 최근 진행되고 있는 도시화는 지역의 개성을 상실케 하고 획일화하며 지역에의 귀속 의식을 희박하게 하는 경향이 있었다. 그 반동으로서 자신이 살고 일하는 지역을 가치 있는 곳, 애착을 느낄 수 있는 것으로 만들려는 움직임이 일고 있고, 지역의 개성을 살려 매력적이고 쾌적하게 생활할 수 있는 공간으로 정비하려는 성향이 높아지고 있다.

이상 10가지 메가트랜드에 대응하기 위해서는 각 지역이 하드와 소프트 양 부분을 정비해 나갈 필요가 명백하다. 소프트 인프라를 구체적으로 정비해 나가기 위한 이미지를 그리기 위해서 사회 트랜드를 구성하는 현상과 거기에 대응하는 대표적인 소프트 인프라의 사고방식을 정리할 수 있다.

일본 노무라연구소는 소프트 인프라의 두 가지 유형으로 하드 활용형과 틀·제도형을 들었다. 하드 활용형은 하드 인프라를 유효하게 활용함으로써 제반 활동의 실효성을 높이는 인프라로서, 하드 인프라에 부속 또는 일체가 되어 하드 인프라의 효용을 충분히 발휘하게 한다든지 기능을 향상시키는 것으로, 철도와 철도일정표, 공항과 항공관제, 고속도로와 교통방송 등이 그 예이다. 틀·제도형은 하드 인프라 또는 제반 활동의 실효성을 직접 높이는 인프라로서, 하드 인프라의 정비·이용·유지관리·보전 등을 추진하는 것과(예: 각종 보조금 제도, 환경보전조례 등) 사회의 제반 활동에 직접 작용하는 것으로 하드 인프라와 관계없는 것(예: 생애학습 프로그램, 각종 우대세제 등)의 두 가지가 있다.

소프트 인플라는 목적과 기능으로 분류될 수 있다. 소프트 인프라의 목적 분류로는 소프트 인프라의 정비에 있어서 대응해야 할 사회의 욕구를 분류한 것으로, 앞으로 사회자본 정비의 관점은 정비가 뒤떨어진 사회자본의 정비 촉진, 앞으로 중요성이 증가되는 사회자본의 정비 촉진과 종래형 사회자본의 기능향상 세 가지로 나뉜다.

소프트 인프라의 기능상 분류로는 종래의 사회자본의 하드적 분류(예; 자연환경기반, 교류기반, 산업기반, 생활환경기반, 지식문화기반)와 달리 소프트 인프라가 사회의 어떤 면에서 '기반'으로서의 기능을 발휘하는가를 분류한 것이다. 일본의 경우 활동을 크게 '생활'과 '업무'로 분류하고, 생활면은 일상생활과 비일상생활로, 업무는 산업, 행정, 교육연구활동으로 분류하고 이 5가지 활동도 다시 각각 대분류, 소분류하는 것이 기능분류이다. 대분류로서 일상생활은 생활필수행동, 사회생활행동, 자유시간행동, 그외 행동이 있고, 비일상활동은 이벤트관람관상, 이벤트참가, 스포츠, 행락과 레저활동 등이 있다. 산업활동은 제1차산업, 제2차산업, 제3차산업이 있고, 행정활동은 총무, 기획, 생활복지, 보건환경, 상공노동, 농정, 수산임업, 토목, 출납, 경찰, 교육 등이 있고, 교육연구활동은 교육활동, 연구활동, 교류활동이 있다.

[표 1-1] 소프트 인프라의 기능분류

기능분류	관계된 하드 인프라	활 동 분 류				
		일상활동	비일상활동	산업활동	행정활동	교육연구 활 동
자연환경 기반	자 연 치 산 치 수 해 안 급경사지 대규모방재		행 락 산 책		토목(방재)	
교류 기반	도 로 항 만 공 항 철 도 물 류 정보 통신 지역간 교류 국제 교류	사회생활자 유시간	이벤트	운 수 통 신 관련산업	토 목	교 류
산업 기반	농업농촌 조림·임도 어 항 연안어장정비 공업용지용수 에너지			전산업	농 정 수 산 임 업 상 공 노 동	
생활환경 기반	주 택 도시시설 환경위생 후생복지 행정시설 여가시설	생활필수 사회생활 자유시간	스포츠 이벤트		총무기획 생활복지 보건환경 토 목 출 납 경 찰 교육위원회	
지식문화 기반	교육시설 지식축적· 보급·계승 연구개발		이벤트		교 육 위원회	교육연구

(3) 21세기 사회자본과 창의력

21세기는 지식기반사회로 모든 분야에서 빠른 속도의 혁신이 필요한 시대이며 무한경쟁을 피할 수 없는 시대이다. 사회자본 정비를 둘러싼 경제사회도 급격히 변하고 있다. 당면한 지식기반사회에서의 사회자본의 새로운 과제를 해결하고 더욱 입지를 강화하기 위해서는 창의력을 가지면서 변화와 혁신을 주도할 진취성을 갖춘 인재를 양성해야만 한다. 그리고 대학의 토목환경공학들에게도 이제까지의 방법론 위주의 교육이 아닌 실제 문제를 분석하고 종합할 수 있는 능력을 키울 교육과정을 개발해야 할 뿐만 아니라 새로운 창의적인 문제해결 능력을 갖춘 바탕을 키우는 교육과정을 과감히 도입해야 할 것이다.

이제까지 대학에서는 종전의 건설환경 산업 분야에서 분석적인 사고능력 위주로 문제를 해결하려 하였으며 기존의 지식이나 경험을 활용하였었다. 그러나 당면한 지식기반사회에서 우리가 직면하는 문제는 한정된 지식이나 경험을 통해서는 해결되기 어려울 정도로 문제 자체가 명확하지 않을 정도로 복합적이며, 그 해결 방안도 불확실하다. 이런 종류의 문제는 보통의 방법으로는 해결할 수 없고 창의적인 사고만을 통해서만이 효과적으로 해결할 수 있다. 토목환경공학도들이 사회자본과 관련된 지식기반사회에서의 모든 문제를 해결하기 위한 창의력은 그기에 맞는 교육과 훈련이 필요하다.

[실습]

20년 뒤의 나의 생활에 대해 21세기 신패러다임과 관련해 기술하라.

2 사회자본과 토목환경공학

1) 토목기술과 사회자본의 형성

사회자본 즉 사회간접자본시설(SOC)은 인프라스트락쳐로도 불리며 토목(土木)과도 밀접한 연관 관계가 있다. '토목(土木)'이라는 말은 '축토횡목(築土横木)'의 뜻에서 유래된 말로 고대 중국의 역사에서 유래되었다고 한다.

당의 수도 장안(長安)으로 잘 알려진 서안(西安)은 중국 황허강(黃河)이 동에서 서로 흐르다 북측으로 흐르는 지역의 서측에 위치한 산시성의 성도이다. 서안은 황하가 위로 흐르는 지점인 화산(華山) 아래에서 서측 지류인 웨이허강(渭河: 위수)이 펼치는 관중분지의 중앙부에 위치한 도시이다. 서안의 남측과 북측에는 높은 산들이 있고 서측으로는 여러 산맥들이 동서로 장막을 이루면서 서양으로 통하는 실크로드가 있다. 가장 번성했던 당대에 장안은 동서 문물의 집산지였고 교역장이었을 뿐만 아니라 동·서양인들의 함께 어울린 활동무대이기도 하였다. 장안은 동서양 각지를 드나든 사신이나 상인, 승려, 유학생, 연예인 등 이른바 '교류인'들은 물론 그곳에 눌러 앉은 이방인들도 많았다.

[그림 2-1] 중국 서안의 옛 모습

최전성기를 이루었던 당 왕조일 때는 도시의 인구가 100만을 헤아렸고, 실크로드를 통해 들어온 서역의 산물이 넘쳤으며 각종 외래종교와 이민족들의 모습을 볼 수 있는 로마와 더불어 가히 세계 최고의 도시였다고 한다. 도시(都市)의 개념을 정의하는 것은 학자들마다 견해가 다르다. 동양에서는 '도시(都市)'의 '都'는 국왕의 천자(天子)가 있는 수도이며, '市'는 물건을 사고 파는 시장을 일컫듯이, 장안이야 말로 정치·경제활동을 위해 많은 사람들이 모여 사는 도시의 동양적 의미를 가장 잘 보인 예라 할 수 있을 것이다.

서안은 신석기 시대부터 반파(半坡)마을로 시작된 유서 깊은 도시이다. 전국시대 말기 천하를 통일한 진시황은 이곳에 아방궁을 짓는 등 거대 도성을 축성하였다. 장안은 세계사에 유례없는 1,100여년 동안 수나라, 당나라 등 여러 왕조의 도읍지였다. 옛날 중국 천하를 다스리기 위해서는 농업을 진흥시켜야 했다. 강이나 하천의 물을 끌어드리는 관개시설을 잘 만들어야했고, 또 황하와 위수 일대의 곡창지대를 튼튼한 제방을 만들어 홍수로부터 보호하여 많은 곡물을 수확하고 세금으로 바쳐 나라 경영을 잘 하는 것이 그 무엇보다도 중요했다. 곡창지대 사이를 흐르는 강물로부터 용수로를 만들고 , 또 거대한 홍수를 막기 위해서는 강 제방을 '흙(土)'으로 충분히 쌓고 또 둑을 견고하게 하기 위해 '나무(木)'로 촘촘히 박아야 한다고 했는데 여기에서 '토목(土木)'의 용어가 탄생되었다 한다.

서양에서는 1760년 프랑스에서 공병사관을 교육하기 위해 토목학교(Ecole des Ponts et Chaussees)가 설립되었음에 유래한다. 토목학교는 기술자에 대한 유일한 고등교육기관으로 공병사관과 행정관을 양성하였다. 수학과 역학을 중심으로 학습한 학생들은 졸업 후 군사시설의 건설뿐만 아니라 시민들을 위한 공공사업에도 종사하였다. 여기서부터 기술은 군사기술(military engineering)과 시민들의 생활을 위한 도로, 수도 등 비전투적인 분야를 다루는 시민기술(civil engineering)로 나뉘게 되었다. 서양의 시민기술 즉 시민공학은 동양의 토목공학에 해당되는 말이다. 토목공학이던 시민공학이던 모두 지역사회나 국가를 위한 사회자본 건설과 관련된 공학으로 다른 공학과 차이가 나고 있다.

최근 지구 표면은 에쿠메네(ecumene)로 변하고 있다. 에쿠메네는 그리스어의 okoumene (주거 가능한 세상, the inhabited world)가 어원이다. 반대로 아네쿠메네(anoekumene)는 비거주지역을 말한다. 토목기술은 에쿠메네의 확대와 충실을 지향하는 기술로서, 에쿠메네를 생산과 생활의 장소로 만들고, 도로, 철도, 항만, 공항 등 토목시설이나 교량, 터널, 댐 등 토목구조물을 사회 경제활동의 기반시설로 정비해 왔다. 따라서 토목의 역사는 에쿠메네에 있어서의 사회간접자본시설(SOC) 형성의 역사이다. 많은 종류의 사회자본은 토목공학에 의해 형성되었고, 사회자본을 구축하는 기술이 토목기술인 것이다. 또 사회자본(SOC)은 개인이나 기업 등이 다양한 사회경제 활동을 영위하기 위하여 불가결한 사회적으로 공유되는 기반시설 또는 공공시설로서 인프라스트락쳐(Infrastructure ; 줄여서 '인프라')로도 불린다.

사회 형성에는 사회자본이 필요하며 상당히 많은 종류의 사회자본이 토목공학에 의해 형성되었다. 도로, 철도 등 교통수단이 되는 사회자본, 급수용과 발전용의 댐과 발전설비 등의 자원 에너지 공급을 목적으로 하는 사회자본, 하천공학, 해안공학 등과 같은 환경개선형의 사회자본 기술 등을 다루는 토목공학은 많은 분야에서 사회자본 형성에 기여하고 있다.

사회자본의 요건은 그 편익성과 안전성에 있으며 그 사회자본을 구축하는 기술이 토목기술이다. 사회자본은 그것이 유기적인 시스템이 되면서 비로써 사회자본으로서 의미를 갖는다. 그리고 첨단 토목기술은 하드웨어는 물론 시스템 형성을 위한 소프트웨어도 필요하다. 이러한 의미에서 안정된 사회를 형성하기 위해서는 토목기술의 발전이 절실히 요구된다. 대규모의 사회자본시설을 만들려고 할 때는 국토계획, 지역계획과 같은 보다 커다란

시야에서 그 시설이 국토와 지역에 미치는 영향을 검토해야 할 것이며 그러한 사회기반시설은 건설프로젝트로서 좀 더 상세하게 계획이 세워져야 할 것이다.

■ 지속가능한 개발과 토목환경공학

지구 표면을 인류가 주거 가능한 세상으로 만드는 에쿠메네의 확대와 충실을 지향하는 토목기술의 발달로 무분별한 개발이 진행됨으로서 수질오염, 대기오염, 폐기물오염, 유해화학물질오염, 소음 및 진동과 자연생태계가 파괴되는 환경문제가 점점 심각하게 인간의 삶을 위협하게 되었다.

그리하여 개발행위가 자연환경과 인간의 생활환경이 어떻게 조화롭게 발전하고 모두가 공생할 수 있을 것인가에 대한 논의가 20세기 말부터 심각하게 대두되게 되었다. 국토개발을 비롯한 경제개발과 환경보전이란 두 마리 토끼를 잡기 전략 수립의 필요성이 강력히 대두되었고, 이에 1980년 국제자연보전연맹회의(IUCN, International Union for Conservation of Nature)에서 세계보전전략(World Conservation Strategy) 차원에서 환경적으로 건전하고 지속가능한 개발(Environment Sound and Sustainable Development)이라는 개념을 도입하였다.

그리고 1982년 나이로비에서 개최한 UNEP(United Nations of Environmental Programme)에서 환경과 개발에 관한 세계위원회를 설치하였고, 2년 뒤에는 미래 우리 후손들의 욕구를 충족시킬 수 있는 능력과 여건을 해치지 않으면서 현재 시대를 살고 있는 사람들의 욕구도 함께 만족시키는 개발이 지속가능한 개발이라 정의하였다.

개발과 환경보전을 함께 하는 지속가능한 개발은 개발 정보와 자료가 공개되고 자유로운 토론이 가능한 열린 사회이어야 하고, 또 권한과 책임이 적절히 분산되고 기회균등이 보장된 사회이어야 함을 전제 조건으로 한다. 또, 환경오염 피해자의 권리가 인식되고 존중되어야 하며, 환경과 경제와 사회문제가 동등하게 취급되고 낭비가 없고 자연자원과 전통문화의 가치가 존중되는 사회이어야 함을 요구하고 있다. 이제 개발 중심의 토목공학은 개발과 환경보전을 함께하는 토목환경공학으로 바뀌게 되었다.

에쿠메네(주거가능한 세상)에서 사회자본(SOC) 즉 인프라스트락처 형성의 역사가 토목환경공학(Civil & environmental engineering)이라 하였다. 토목환경공학이 포함하는 영역은 매우 넓고 다양한데, 그 영역을 [요소(Part) - 총합(System)]과 [대상(Objects) - 방법(Methododlogy)]의 두 개의 분류 축으로 나누어진 평면 위에서 총론, 기초, 구조물, 사회기반시설, 건설프로젝트와 사회기반시스템의 6개 그룹으로 나눌 수 있다. 이 중에서 총론, 기초, 구조물 부분을 기본 영역이라 부를 수 있다.

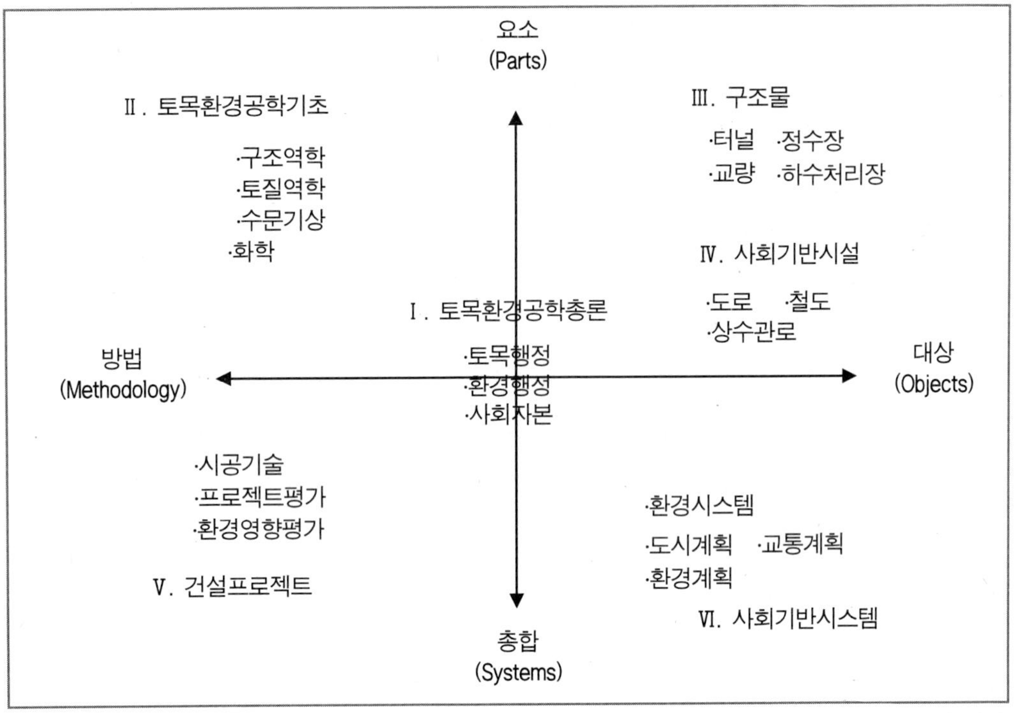

[그림 2-2] 토목환경공학의 영역

2) 토목환경공학의 기본 영역

(1) 토목환경공학 총론과 기초

■ 토목환경공학 개론

· 토목환경공학(Civil & environmental engineering)의 용어와 영역

· 토목환경공학의 사회적 역할과 사회기반시설(Infrastructure)

· 토목환경공학의 역사와 미래 전망

■ 사회자본(인프라스트락처)

· 사회자본의 개념, 분류 및 정비의 변천과 효과

· 경제 및 국토 정책과 공공투자

· 사회자본정비 체계와 전망

■ 토목환경행정과 건설산업

· 토목환경행정 : 일반행정 속에서 토목 및 환경 분야를 대상으로 하는 것. 토목환경 행정의 내용은 생활기반 시설의 건설과 관리로부터 환경보전, 공해방지, 복지증진에까지 폭넓게 확대되고 있다.

· 토목환경행정과 조직, 관련된 법제도

· 건설환경산업의 동향과 과제, 건설환경산업의 해외활동

■ 토목재료(Construction materials)

· 사용 목적에 맞는 공학적 성질을 가질 것, 사용 환경에 대해 안정하고 내구성을 가질 것, 대량 공급이 가능할 것, 운반과 취급 및 가공이 쉬울 것, 경제성이 있을 것

· 철강재료, 비철금속재료(알미늄 등), 무기재료(시멘트, 혼화재료, 석재 등), 유기재료(목재, 아스팔트, 접착제 등), 복합재료(콘크리트, 아스팔트혼합물), 신소재

■ 콘크리트(Concrete)

· 재료(시멘트, 골재, 물, 혼화재료), 콘크리트의 성질(워커빌리티와 슬럼프시험, 강도), 배합, 시공(계량, 운반, 타설, 마무리, 양생), 품질관리, 각종 콘크리트(Remicon 등), 제품

■ 고체역학(Solid mechanics)과 구조역학(Structural mechanics)

· 물질(고체)을 이상화한 물체(탄성체, 탄소성체, 탄점소성체)로 정의하고 그 평균적인 역학 특성을 수리적으로 해석하는 것이 고체역학이다.

· 구조역학은 외부 힘이 작용할 때 구조물(빔, 트라스, 판, 셸, 케이블 등)에 생기는 응력(stress)의 크기와 변형(strain) 등을 구하는 응용역학의 한 분야이다.

· 컴퓨터의 발달로 역학모델의 수치해석(Numerical analysis)이 크게 발전하였다.

■ 토목지질학(Engineering geology)과 토질역학(Soil mechanics)

· 토목공사를 잘 수행하기 위해 지질조사(Geological survey)의 조사결과를 토목기술자가 필요로 할 때가 많다.

· 토질역학은 구조물 및 그 기초 받치는 지반으로서의 흙과 댐 등과 같이 재료로서의 흙에 대한 이론을 다루는 분야로 1940년경부터 체계화되었다. 암반역학(Rock mechanics)도 있다.

■ 지진공학(Earthquake engineering)

· 컴퓨터의 발달로 구조물이나 지반의 동적거동을 해석하고, 내진설계(Seismic design)를 할 수 있게 되었다.

■ 수리학(水理學, Hydraulics)과 유체역학(Fluid mechanics)

· 기체나 유체의 흐름을 취급하는 분야는 물리학, 기상학, 해양학, 기계공학, 항공학, 조선공학, 화학공학 등으로 이런 분야의 공통 기초가 되는 이론이 유체역학이고, 특히 토목분야(관로, 하천 등 개수로, 확산, 지하수 등)에 관련된 것이 수리학이다.

■ 수문학(水文學, Hydrology)과 기상학(Meteorology)

· 지구상의 물은 순환하는데 이때 일련의 과정 특히 강우가 지표, 강 또는 지하로 흘러 바다로 가는 과정을 다루는 학문이 수문학으로, 기상학의 지식도 필요하다.

■ 환경기초(Fundamentals of Environmental eng.)

· 시빌 엔지니어링(civil engineering)이 인간과 사회의 존립을 보장하는 외부세계의 조건을 정비하기 위한 공학이라 했을 때 환경은 토목공학이 다루는 범위를 포함한다.

· 수질화학·환경미생물학·생태학의 기초개념, 수질환경, 대기환경, 소음과 진동, 토양오염, 지반침하, 일조 및 전파방해, 방사능 등을 다룬다.

■ 토목계획(Infrastructure planning)

· 토목계획과 시스템 분석, 분석방법, 예측방법, 최적화방법, 평가방법을 다룬다.

■ 측량학(Surveying)과 사진측량(Photogrammentry)

· 지구상의 자연 혹은 인공물의 위치를 찾아 그것을 수치와 도표로 표현하고 또 그 자료를 이용해서 응용하는 일련의 기술을 측량이라 한다.

· 사진측량은 사진을 매체로 해서 그 속에 담겨진 정보를 산출하는 기술이다. 인공위성과 지상을 오가는 전파를 이용한 새로운 측량기술을 GPS(Global positioning system)라 한다.

· 기본측량(거리, 각, 높낮이 측정), 기준점측량, 지형측량과 지도편집, 응용측량(지적측량, 노선측량, 터널측량, 하천측량, 해양측량, 공사측량)이 있다.

■ 원격측정법(Remote sensing)

· 항공기나 인공위성 등에 탑재된 센서에 의해서 지표 물체나 공간과 유체 등의 현상을 전자파 특성을 이용해서 광역적으로 조사하는 방법을 원격측정법이라 한다.

· 지질조사(지질구조, 광물자원 탐사), 연안해역조사(수온분포, 수질조사, 해저지형, 유황과 파랑), 식생과 토지이용조사, 수문(水文)조사, 지형도작성, 군사부문 등에 응용된다.

■ 토목경관(Landscape & civic design)

· 여러 가지의 인프라스트락처는 그 자체의 경관과 그것이 제공하는 시점에서의 경관군에 의해 도시와 지역의 이미지 골격을 형성한다. 경관설계와 경관계획 이론에 근거하여 인프라스트락처와 도시경관을 계획하도록 한다.

■ 제도(Drawing)와 그래픽스(Graphics)

· 도면(Drawings)의 종류를 척도와 용도에 따라 나눌 수 있다.

· 컴퓨터를 이용한 자동제도 시스템으로서 CAD(Computer Aided Design)시스템이 크게 보급되고 있다.

■ 데이터처리(Data processing) 정보관리(Information management)

· 건설산업에서 조사계획, 설계, 시공, 유지관리의 과정에서 컴퓨터의 이용은 선택사항이 아니고 필수사항이며, 이를 잘 활용하지 못하면 경쟁력에서 낙오한다.

· 정보의 수집(collecting), 처리(processing), 관리(controlling)에 선도적 위치에 있어야 한다. 그렇지 못하면 타전공에게 많은 영역을 잃게 될 것이다.

(2) 구조물(Structures)

■ 토목환경구조물

· 설계에서 요구되는 조건으로, 안전성, 사용성, 미관, 내구성과 보수관리성, 경제성을 든다.

· 콘크리트구조(Concrete structures, Prestressed concrete포함), 강구조(Steel structures), 목구조(Timber structures) 등이 있다.

■ 건축구조물

· 토목환경구조물은 사회자본시설의 공공적 측면이 중심이 되는 구조물인데 비해 건축구조물은 공공구조물도 있으나 주로 기업이나 개인이 축조한다. 초고층건물이나 관공서 건물에서부터 개인 주택이나 화장실까지 넓게 건설되고 있다.

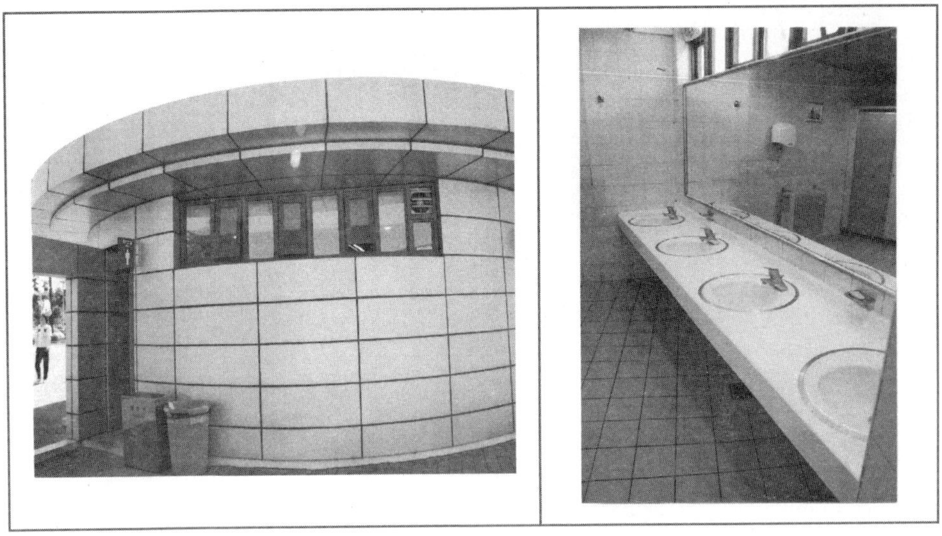

[그림 2-3] 공공화장실 건축물(참조 12장)

■ 기초구조(Foundations)와 흙구조(Earth structures)

· 기초구조는 구조물의 일부로서 주로 땅 속에 구축하며 상부구조에서 작용하는 하중을 지반에 전달하여 안정한 지지기능을 부담하는 부분을 말한다. 얕은기초(직접기초)와 깊은기초(파일, 케이슨, 널말뚝, 특수기초)가 있다.

· 흙구조는 흙에 의해 형성되는 성토, 매립, 절토 법면, 옹벽, 앵커, 보강토 등을 말한다.

■ 지하구조물(Underground structures)

· 지하거리(Underground shopping arcades), 지하철역, 지하주차장, 지하전력시설, 암반내 비축시설, 지하탱크, 파이프라인, 공동구(共同溝), 지수벽(地水壁), 지하댐 등이 있다.

■ 교량(Bridge)

· 수송로가 직접 지나는 교형(橋桁)부문의 상부구조와 그것을 지지하는 구체(構體), 기초의 하부구조로 나뉜다. 사용도로(도로교, 철도교 등), 사용재료(콘크리트교, PC교, 강교 등), 구조형식(빔교, 트러스교, 아치교, 사장교, 현수교 등)에 따라 분류된다. 교량보다 규모가 작은 암거도 있다.

[그림 2-4] 암거 및 교량 구조물(참조 9장)

■ 터널(Tunnel)

· 산악과 하천, 해안의 험한 길을 잇는 수단으로, 또 토지이용이 고도로 필요한 도시의 지하공간을 개발하기 위해 만들어진다. 발파공법, 실드(Shield)공법, 개착공법 등으로 건설한다.

■ 댐(Dam)

· 댐의 용도는 치수(治水 : 홍수조절, 유량조절)와 이수(利水 : 용수의 공급과 발전)로 나뉘며, 재료(콘크리트댐, 필댐 : Filldam)와 구조(중력댐, 아치댐)에 따라 분류된다.

■ 포장(Pavement)

· 표층재료와 시공법에 따라 콘크리트 포장, 아스팔트 포장, 블록 포장, 기타 포장이 있다.

■ 탑(Towers), 탱크(Tank), 사일로(Silo), 연돌(Chimneys)

· 탑에는 송전용 철탑, 급수탑, 무선용 철탑 등이 있고, 탱크로 가스홀더(Gas storages tanks), 상온 액체저장탱크, 저온 액체저장탱크(LPG, LNG저장탱크)가 있다.

■ 수문(Hydraulic gates)과 관로(Pipeline)

· 수문(水門)은 댐 발전용과 하천용이 있고, 수력발전소에서 수조에서 수차로 도수하기 위한 설비인 수압철관(Penstock)이 있다.

3) 사회기반시설과 건설프로젝트

(1) 사회기반시설(Infrastructure facilities)

■ 도로(Road & Highway)

도로는 이동과 접근 측면의 교통기능(트래픽기능과 액세스기능)과 공간기능이 있고 그에 따른 정비효과를 갖는다. 교통(traffic)기능은 자동차, 자전거, 보행자의 통행 서비스의 기능으로, 트래픽기능(이동성, mobility)의 증대에 의해 도로교통의 안전확보, 시간거리의 단축, 교통혼잡의 완화, 수송비의 저감, 교통공해의 경감, 에너지절약 등의 효과가 있다. 또, 교통(access)기능은 도로주변의 토지, 건물, 시설 등으로의 출입 서비스기능으로서, 액세스기능(접근성, accessibility)의 증대에 의해 지역발전의 기반정비, 생활기반의 증대와 토지이용의 촉진 등의 효과가 있다. 규격이 높은 도로는 트래픽기능이 중요하고 하위도로에서는 액세스기능이 중요하다. 공간기능은 전기·전화·가스·상하수도·주차장·지하철·공동구·지하상가 등 공공의 시설을 수용하고, 녹화·통풍·채광으로 양호한 주거환경을 형성하며, 방재·화재연소 등 방재기능을 한다.

[그림 2-5] 도로 및 고속도로(참조 7장 및 8장)

■ 철도 및 궤도(Railroad & guideway)

철도공학은 철도의 건설, 운영, 보수 등에 필요한 철도 기술에 관계되는 토목,

전기, 건축, 통신, 위생, 교통 및 도시계획 등 광범위한 내용을 다루는 학문이다. 철도공학은 각종 공학의 종합공학(Synthetic engineering)이고, 철도기술은 각 분야 기술의 집합기술이다. 철도계획은 장기간에 걸쳐 라이프 사이클(life cycle)을 가지며, 많은 사람과 직접·간접으로 이해관계를 가지며, 대규모의 투자를 필요로 하고, 효과와 영향이 지역사회에 광범위하고 복잡하게 영향을 미치는 특징이 있다. 철도계획은 경영기획면에서 철도투자계획(수송력증강 투자계획, 기존설비의 근대화 투자계획, 수송서비스 개량 투자계획, 신설 건설계획), 부대 관련 사업계획, 경영구조 계획 등이 있고, 그밖에 계획단계, 사업내용, 시행기간으로 분류할 수 있다.

■ 항만(Port & harbor)

항만시설을 정비개량하고 복구하는 항만공사는 준설과 매립이 많은 작업량을 차지하고, 외곽시설, 계류시설 등 항만구조물 공사도 있다. 항만은 수륙에 걸쳐서 있기 때문에 여러 자연조건의 제약을 받는데, 이 자연조건을 극복하고 항만의 기능을 할 수 있게 하는 학문이 항만공학이다. 그러나 이제는 항만이 수륙수송을 연결하는 하나의 결절점으로 또 지역발전의 거점의 역할을 하기 위해 그 학문영역을 교통, 경제, 사회분야로 넓힐 것이 요구된다. 공학적인 면에서는 해안과 파랑, 조석과 조류, 표사(漂砂), 구조물과 파랑, 각종 항만시설, 준설과 매립, 하역기계, 해안침식과 그 대책의 수립 등을 다룬다. 항만계획(Port & harbor planning)은 항만의 개발이용 및 보존 그리고 인접한 지역의 보존에 관한 계획을 다룬다.

■ 공항(Airport)

비행장은 단순히 항공기의 도착, 출발, 이동을 위해 전부 또는 일부를 사용할 목적을 가진 육상 또는 수상의 일정구역(건물, 시설, 기자재 포함)이고, 공항은 여객과 화물을 항공기로 운송하기 위한 기능을 갖춘 곳이다. 공항시설(Airport facilities)로는 활주로와 착륙대, 유도로와 에이프런, 공항포장과 여러 시설, 터미널시설 등이 있다.

■ 에너지시설(Energy facilities)과 원자력시설(Nuclear power facilities)

에너지시설은 수력 및 화력 등의 발전시설과 발전된 전력을 수요지와 개개의 수요가까지 보내기 위한 송전·변전·배전시설의 전력시설과 도시가스, 열공급 시설, 석유, 석탄, LNG시설, 지열발전, 자연에너지시설을 말한다. 원자력시설은 입지, 설계, 건설, 운전의 각 단계에서 안전성이 확보되어야 한다.

■ 상하수도(Water supply and Sewage) 및 산업용폐수

상수도의 목적을 달성하기 위해 기술적으로 급수점에서 양호한 수질, 필요한 수량, 적절한 수압 등 3자의 확보가 필요하다. 이를 위해 수도시스템은 수원(水源)

시설계, 수질(水質) 변환계, 수송시설계의 3 시설군과 이를 관리하는 관리정보계로 이루어지며, 요구수질, 계획 급수량이 기본 값이다. 하수에는 오수(汚水)와 우수(雨水)가 있고, 배제방식으로 분류식과 합류식이 있고, 하수처리시설이 필요하다. 산업용수는 회수율을 높이도록 하고, 산업폐수는 공장 특성에 따라 처리해야 한다.

[그림 2-6] 상수도 시설(참조 10장)

■ 폐기물처리(Waste management)

일반폐기물 처리체계로 매립처분, 소각처리, 자원회수와 재생을 목적한 중간처리법이 있고, 산업폐기물은 구별하여 처리한다. 폐기물을 재자원화(Resource recovery)하는 방법을 강구해야 한다. 폐기물의 최종처분은 육상매립, 수면매립이 있고, 해양투입처분도 행해지며 방사성 폐기물의 처리와 처분도 관심사이다.

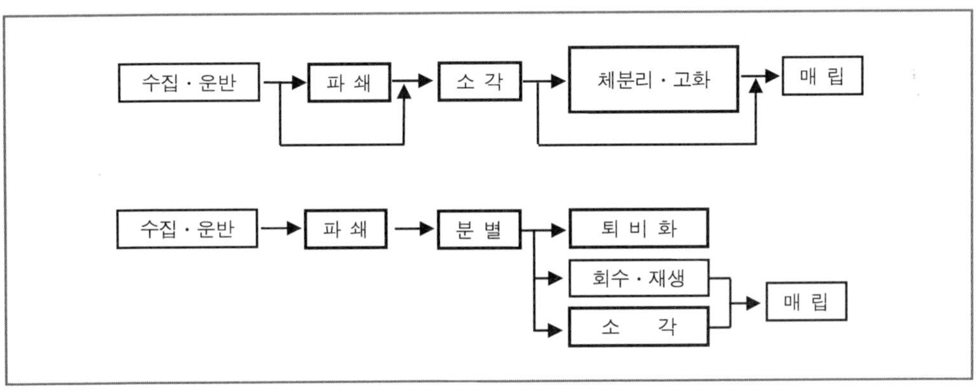

[그림 2-7] 폐기물처리 방법(참조 11장)

■ 하천(River)

하천계획(하천개수계획, 하천종합개발계획, 하천환경계획), 하천공사(굴착 등 토공, 호안, 하천구조물, 하천환경정비 등), 하천관리(유수관리, 시설관리, 수방, 홍수예보) 등을 다룬다. 운하(canal)도 포함된다.

■ 해안(Coast)과 해양(Ocean)

방파제 등 표사 제어, 해안의 이용과 해양구조물 설계와 공사, 해양오염을 다룬다.

■ 여가시설(Recreation facilities)

여가시설로 활동형에 따라 영상형, 학습형, 게임형, 스포츠형 등의 시설이 있고, 입지에 따라 산악, 육상, 해양, 공중시설이 있다. 여가시설 계획에는 교통시설, 공급처리시설, 방재시설, 풍경(Landscape) 등도 반영해야 한다.

■ 기타 사회기반시설

· 토지조성(Land development) ; 계획, 설계, 시공, 매립에 의한 토지조성
· 사방(Erosion control , Soil & water conservation) ; 사방, 사태, 급경사지 붕괴대책
· 토지개량(Irrigation & land improvement) ; 관개배수, 농지정비, 재해복구 등
· 식생(Vegetation)과 조경(Landscape architecture)
· 한냉지(Cold region) 시설

(2) 건설환경 프로젝트(Construction projects)

■ 토지(Land)와 부동산(Real estates)

인프라시설은 지상공간, 지표, 지하공간의 용지(用地)에 반드시 건설되며, 하나의 프로젝트를 시행하는데 있어서 최초로 입수해야 하는 중대한 자원이다. 토지제도, 토지거래와 지가, 토지평가, 토지문제와 토지정책, 건설과 용지취득 등을 다룬다.

■ 프로젝트의 평가(Project evaluation)

특정 프로젝트를 실시하는 것이 타당한지 아닌지를 판단하는 일을 프로젝트 평가라 하며, 프로젝트에 의해 생기는 편익(benefit)이 비용(cost)을 넘을 경우 시행할 가치가 있다. 프로젝트에 대한 재무분석, 경제분석 및 종합평가를 하는 것을 F/S(Feasibility Study)라 부르며, 프로젝트를 발굴하고 나서 완성되기까지의 공통된 흐름을 프로젝트 사이클(project cycle)이라 한다. 프로젝트의 발굴, 준비 및 F/S조사, 심사, 실시와 감독, 사후평가의 5단계로 이루어진다.

■ 프로젝트의 실시(Project implementation)

프로젝트의 실시는 프로젝트의 평가에 의해 그 실현가능성이 확인되며, 실시 의사결정이 내려진 시점에서 시작된다. 실시 과정은 1단계로 평가의 대상이 되었던 프로젝트의 기본계획을 보다 구체적으로 검토해서 실행가능한 실시계획으로 전개하는 작업이 이루어지며 2단계로 그 실시계획에 따라 건설공사가 행해지고, 3단계로 프로젝트의 성과물을 사용할 때 소기의 기능을 계속 발휘할 수 있도록 유지하기 위한 작업이 이루어진다.

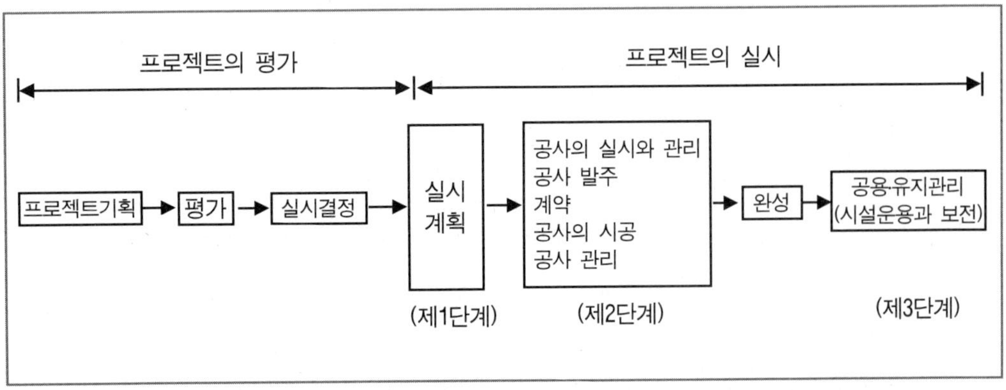

[그림 2-8] 프로젝트 평가와 실시

■ 공사관리(Construction business management)

인프라 건설공사는 목적한 시설물을 건조하는 것으로, 계획·조사·설계·시공·검사 등으로 나뉜다. 이 건설공사의 과정에서 발주자와 건설업자(또는 컨설턴트를 더한 3자)는 상호 협력하면서 시공의 안전성을 전제로 하여 소기의 목적인 공사의 품질과 공정 및 경제성을 확보하여 공사를 수행하는 것이 공사관리이다. 일반적으로 넓은 의미의 공사관리는 프로젝트관리 또는 프로젝트매니지먼트(Project Management)라고도 하며 그 수행이 경영전략과 연결되며, 오늘날 광의로 해석하여 공사관리의 범위를 넓히고 있다.

■ 시공기술(Construction technology)과 신기술(New technology)

최근 급속한 기술개발로 시공이 대형화, 다양화되고, 안전하게 짧은 공기에 대규모 인프라 건설도 가능하게 되었다. 그리고 도심 지하공사, 중요 구조물 인접공사, 환경대책, 자동화, 건설기계, 신소재 사용 등이 새로운 과제로 등장하고 있고 신기술개발을 위한 지원체계가 이루어져야 되겠다. 건설분야에 일체화된 정보통신체계(INS) 등 뉴미디어, 메카트로닉스, 바이오 테크노리지, 신소재 등의 첨단기술이 활용되며, 앞으로 OA의 진전과 정보네트워크의 구축, 인공지능 기술의 이용, 컴퓨터 그래픽의 이용이 급속하게 보급될 것이다.

(3) 사회기반시스템(Inftrstructure systems)

■ 국토계획과 지역계획(National & Regional development planning)

국토의 어떤 일정한 권역에 있어 바람직한 미래상을 제시하고, 이를 실시하기 위해 체계화되고 종합화된 정책을 중심으로 하는 과정을 국토계획 혹은 지역계획이라 한다. 지역정책의 이론적 기초로 입지론, 경제기초이론, 총량성장이론, 재분배성장이론, 기초수요이론, 지역개발정책적 측면에서 본 이론(하향식 개발이론, 상향식 개발이론, 성장거점이론, 지역생활권 개발이론), 환경관리이론 등이 있다.

■ 도시계획(Urban planning)

토지이용계획, 교통계획, 공원녹지계획, 도시시설계획, 도시개발계획, 도시환경계획 등의 분야로 인프라스트락처와 연관성이 많다.

■ 환경계획(Environmental planning)

환경문제와 지속가능한 개발, 도시계획과 환경계획, 생태환경의 정비, 대기환경

대책과 효율적 에너지 이용, 하천환경관리 및 도시수자원 계획, 하수처리장 계획, 폐기물·유해화학물질·소음과 진동방지·토양오염과 복원 등 기타 환경계획을 다룬다.

■ 교통계획(Transportation planning)

교통계획의 개념(의의, 기능, 유형), 단기 및 장기 교통계획, 교통계획 과정의 유형, 교통정책의 목표와 수단 등을 다룬다.

■ 도로교통시스템(Road traffic system)

교통류이론(Traffic flow theory), 도로교통운영(Traffic control systems), 주차문제, 보행자교통, 교통안전 등을 교통공학(Transportation eng.)분야에서 다룬다. 정보통신시스템(Telecommunication system)도 광의의 교통의 범주에 들어간다.

■ 기타 사회기반시스템

· 수자원시스템(Water resources system) : 수자원의 개발과 이용, 수자원계획, 물관리

· 방재시스템(Disaster mitigation system) : 재해예측, 각종 방재 대책

· 환경시스템(Environmentals system) : 환경영향평가, 각종 환경오염 방지계획

[실습]

토목환경공학의 각 영역과 다른 학문 분야와의 연관성을 찾고 기술하라.

3 새로운 토목환경공학 교육

1) 일본 대학 토목환경계열 명칭

21세기 지식기반사회에서 모든 분야에서 제 역할을 다하기 위하여서는 해당 분야에서도 새로운 큰 변화에 능동적으로 대처해야 할 것이다. 사회자본의 형성에 크게 이바지하고 있는 토목환경공학 분야도 국제화, 정보화, 고령화, 도시화, 이동성 향상, 가치관의 다양화, 지속가능한 사회의 이행, 산업구조의 변혁, 생활과 문화수준의 성숙, 지역에의 귀속의식 변화에 대응하기 위한 하드와 소프트 양 부분의 정비에 적절한 새로운 교육으로 바뀌어져야 할 것이다. 이러한 시대가 필요로 하는 새로운 교육을 하기 위해서 교육 커리큘럼의 개정과 함께 '토목공학'의 명칭 변경도 이루어지고 있다. 개발과 환경보전을 함께 한다는 의미로 쓰는 '토목환경공학'의 명칭을 넘어선 새로운 시도가 이루어지고 있다.

변완희·이청원은 대한토목학회지(2006.6)에 기고한 '대학신시대 - 변화하는 일본의 대학교육'의 글에서 일본의 대학 토목계열 명칭 변경과 명칭 변경 이후의 과제와 새 커리큘럼에 대해서 아래 내용을 발표하였다.

일본에서는 대학 토목계열 학과·전공의 명칭변경은 1980년대 후반기부터 논의되었었다. 일본토목학회도 명칭 변경을 검토하였는데 토목공학이라는 명칭을 그대로 사용하는 것으로 결론을 내렸다. 그러나 1996년도 전국 토목공학계열 교수명부에 의하면 사립대를 제외한 국립대학 토목공학계열의 과반수는 이미 토목공학과를 건설, 사회, 도시기반, 개발,

환경, 에너지 등의 키워드를 갖는 명칭으로 변경하였고, 공업고등전문학교의 대다수 역시 도시를 키워드로 하여 학과 명칭을 변경하였다.

[표 3-1] 일본 관서지방 대학 토목계열 학과전공의 명칭

구분	기존의 학과 및 전공의 명칭(1996년)	구분	새롭게 변경된 학과 및 전공 명칭(2003년)
1	◦토목공학 전공	1	사회기반공학 전공
2	◦토목시스템공학 전공	2	도시사회공학 전공
3	환경공학 전공	3	도시환경공학 전공
4	환경지구공학 전공	4	지구환경 학당
5	◦토목 공학과	5	◦토목공학 전공
6	환경 공학과	6	지구총합공학 전공
7	건설 공학과	7	환경공학 전공
8	환경건설 공학과	8	건설 공학과
9	◦토목 공학과	9	건축건설 공학과
10	◦토목 공학과	10	도시계 전공
11	환경시스템 공학과	11	도시계 전공
12	◦토목 공학과	12	환경시스템 공학과
13	◦토목 공학과	13	도시디자인 공학과
14	◦토목 공학과	14	◦토목 공학과
15	◦토목 공학과	15	도시환경 공학과
16	◦토목 공학과	16	사회환경 공학과
		17	도시환경시스템 공학과

표 3-1은 일본 관서지방 대학 토목공학계열 학과의 변경된 명칭을 보여주고 있다. 1996년도 관서지방에 국공립사립대의 대학 및 대학원은 11개였고, 토목공학계열에는 16개의 학과 및 전공이 있었다. 이 당시, 이들 학과 및 전공에 '토목'을 학과 명칭으로 사용하고 있던 학과 및 전공은 10개였다. 이들 학과 및 전공의 명칭에 '토목'이라는 글자를 포함하고 있는 것은 10개의 학과 및 전공이었다. 그 외에 토목을 포함하지 않는 대학은 '환경' 혹은 '건설'을 명칭으로 사용하고 있었다.

그런데 2003년에는 토목공학계열의 학과 및 전공이 하나 늘어난 총 17개였고 '토목'이라는 글자를 명칭에 포함하고 있는 학과 및 전공은 2개 밖에 남지 않게 되었다. 8년이라는

기간 동안 토목계열 학과 및 전공의 명칭에는 많은 변화가 있었던 것이다.

■ 오사카공업대학 도시디자인공학과

오사카공업대학은 2002년 4월에 토목공학과를 '도시디자인공학과'로 명칭을 변경하였다. 대학 토목공학과는 2000년에 토목공학과의 미래를 논의하기 위한 워킹그룹(미래구상WG)을 학과 내에 발족시켰다. WG의 주요 임무는 대학기준협의회의 대학평가를 준비하는 것과 토목공학과의 미래를 검토하는 것이었기 때문에 초기에는 학과 명칭 변경 자체는 논의의 대상이 아니었다.

그런데 당시는 오랜 기간 번영을 누려온 건설업이 구조불황 업종이 되고 취업에 민감한 수험생들의 토목공학 분야에의 지원율이 감소하던 시절이었다. 그리고 향후 10년간 일본의 공공투자액이 60% 감소할 것이고 신규 투자여력은 거의 기대할 수 없을 것이라고 내다봤다. 또한 대학졸업자의 수요도 1년에 8000명에서 2005년에는 5000명으로 감소할 것이라고 예측하였다. 또 일본이 출산율 저하로 18세 인구 및 수험생 인구의 급감이 예측되고 있음에도 불구하고, 새로운 대학, 학부 · 학과의 증설은 계속되어 대학의 도산과 무시험 입학에 대한 얘기가 공공연히 떠도는 시대였다. 따라서 토목공학 계열의 학과를 포함한 공과대학 지원자의 감소와 입학생의 학력 저하 그리고 졸업생의 취업난이라는 공통의 문제점을 안고 있었던 시대였다.

오사카공업대학의 공학부는 주간부와 야간부라는 2부제를 유지하고 있었다. 이전에는 야간부의 학생도 주간부에 비길 만큼 많은 학생이 있었지만 야간부를 지원하는 근로자와 근로학생의 지원자가 감소하면서 공학부의 제도를 근본적으로 개선 시켜야 한다는 논의가 대두되어 2000년 4월에 주야 강의제로 바꾸었다. 2000년 입시에서는 18세 인구의 급감에 의한 지원자가 급감하였고 오사카공업대학 역시 마찬가지였다.

그러한 상황에서 토목공학과의 바람직한 미래상에 대한 논의와 함께 학과명의 변경이 WG그룹에 논의되기 시작했다. 바람직한 미래상에 대해 어떠한 목표를 가져야 하는 가에서부터 현상유지를 위해 타 대학에서 채용하고 있는 코스제 대학원 중점화 등 다양한 의견이 나왔지만 명칭 변경을 우선적으로 추진하자는 쪽으로 결론이 내려졌다. 즉 토목공학을 에워싸고 있는 환경이 크게 변화하고 있고 토목공학과의 커리큘럼도 계속 변화하고 있기 때문에 명칭 변경을 우선적으로 추진하자는데 의견이 모아진 것이다. 특히 입학지원자의 감소에 따른 대책의 일환으로 학과를 보다 알기 쉽고 매력적으로 보이게 하는 명칭 변경을 합의하였다. 토목공학이 무엇을 의미하며 그 사회적 의의를 설명하지 못하는 고등학교 학생은 물론 교사도 많았다.

그러한 이유로 토목공학과에서 교육하고 있는 내용과 교육목표를 알기 쉽게 표현할 수 있는 명칭, 토목공학의 특징·개성·독자성을 상기할 수 있는 명칭을 찾게 된 것 이다. 결국 그러한 개념을 모두 수용하는 명칭으로 현재 토목공학의 모두를 포함하고 동시에 미래에도 사용가능한 키워드로서 '도시'를 선택하게 되었다. 그리고 '도시 · 사회기반의 라이프 사이클을 기획 · 계획 · 설계하고 도시의 산업 활동과 생활행동의 다양한 과제를 해결 한다'라는 의미로 '디자인'이란 용어도 키워드로 채택하였다.

일본어로 '디자인'이란 공업디자인, 그래픽디자인, 건축디자인 등에서 알 수 있듯이 일반적으로 '조형' 등의 의미로서 사용되고 있고, 공학의 경우에는 기계와 구조물을 '설계'한다고 하는 의미가 대부분이다. 특히 토목 분야에서 '설계'는 구조계산으로 시작되는 공학적 설계를 의미하는 경우가 많다. 그러나 여기서는 영어의 Design이 가지는 의미 중의 하나인 문제해결(Problem-solving)의 의미로 사용하였다. 단순히 구조물의 설계나 건설만이 아닌 환경과 생태계를 고려한 도시기반시설 시스템환경의 기획과 입안, 설계, 건설, 유지관리, 폐기 및 재생이라고 하는 라이프 사이클을 상징으로 한 도시의 창조·지속·재생에 이르는 과제를 해결할 수 있는 기술자와 디자이너 그리고 연구자의 육성을 새로운 명칭과 학과의 목표로 한 것이다.

새로운 명칭에 대해 졸업생들의 의견을 먼저 수렴하였다. 가장 많은 질문은 '토목을 버리고 건축으로 바꾸자는 것 입니까?'라는 것이었다. 디자인을 협의의 의미로서만 해석했기 때문이다. 또 '댐, 항만, 고속도로의 건설에 대해서는 더 이상 생각하지 않는다는 것입니까?' 라고 하는 질문도 있었다. 이 역시 도시의 의미를 협의로 해석했기 때문이다. 도시는 단독으로는 성립할 수 없고, 도시지역에 도시활동을 지원하는 시설과 도시간을 연결하는 시설이 당연히 필요한 것을 간과한 것이다. 재학생에게도 의견을 구했는데, 대학원 학생들은 새로운 명칭에 대해 '토목공학 그대로가 좋다'라는 의견이 많았으나 대학 1,2학년 등 비교적 젊은 학생들은 '신선하다', '유니크하다'라는 등 새로운 명칭에 호의적이었다.

토목공학과란 명칭 변경 이후 수년간은 입시 지원자가 그 이전과 비교하여 증가한 것이 통상적인 결과로서 나타났다. 그러나 대학 전 분야 및 산업 전체적으로 보면 토목계열 학과 및 전공의 상대적인 하향세를 막기에는 여전히 근본적인 문제가 남아있었다. 그것은 산업 전반의 불황과도 관련이 있지만 졸업생들의 취업과 관련해서 토목공학에 대한 학문적·기술적 질적 수준향상이 시급하다는 것이었다.

결국 명칭 변경을 통한 목표변경 만으로는 근본적인 문제 해결이 될 수 없고 토목공학계열 개혁이 끝나는 것이 아니라고 생각하게 되었다. 그리하여 학생들의 질적 수준을 높일 수 있는 '일본 기술자교육인정기구(JABEE, Japan Accreditation Board for Engineering Education)'와 같은 평가제도에의 학문 특성에 맞는 적절한 대응이 대학이 이끌어 가야 할 또 다른 과제라고 판단하였다.

1999년 11월 19일에 설립된 JABEE는 공학 분야의 학회·협회 등과 밀접히 연대하여 기술자 교육프로그램의 심사·인정을 수행하는 비정부단체로서, '통일된 기준 하에 고등교육기관의 기술자 교육프로그램을 심사·인정하여 국제적인 수준을 확보하고 기술자 교육의 향상과 국제적 수준의 기술자 육성을 통해 사회와 산업의 발전에 기여 하는 것'을 목적으로 하고 있다.

21 일본 대학의 새 교육프로그램

일본 교토대학은 1897년 교토제국대학으로 설립되었는데 당시에는 이공과대학으로 개설되었다. 1947년에 교토대학으로 바뀌었고 2006년에는 공학부 등 10개의 학부와 15개의 대학원이 있다. 창설과 동시에 설립된 토목공학과를 모체로 하여 변화를 하다가 1996년 토목공학과, 교통토목공학과, 위생공학과 및 자원공학과가 통합되어 '지구공학과'를 발족시켜 새로운 형식의 교육을 시작하였다. 지구공학과는 문명을 지지 기반으로 하는 인프라의 기술체계를 연구하는 토목공학, 문명의 운영에 필요한 자원에너지의 기술체계를 연구하는 자원공학, 그리고 인간과 자연환경의 균형을 유지하는 기술체계를 연구하는 환경공학의 3개 부문으로 구성되어 있다.

1 · 2학년 시기에 지구공학과의 기본적인 공통과목을 수강하고 이전의 4개 학과의 커리큘럼을 개혁 · 통합하여 2학년 종료 시에 토목공학 코스, 환경공학 코스 및 자원공학 코스 중 하나를 지원할 수 있도록 하였다. 따라서 지구공학과에 입학하는 학생들은 자기들의 흥미와 장래의 진로를 고려하면서 1 · 2학년 시기에 공통과목을 수강할 수 있게 하였다.

당시 토목공학과의 이상은 21세기에 있어서 인류의 지속적인 발전에 이바지하기 위해 자원·에너지·환경·인프라를 통합적으로 체계화하고 기초과목을 교육시켜 지구차원에서 생각하고 적극적으로 행동할 수 있는 기술자 연구자 및 공무원을 배출 시킨다는 것이었다. 그런데 자신이 지망하는 코스와 실제 코스에서 차이가 있고 1,2학년 학생이 수강해야 할

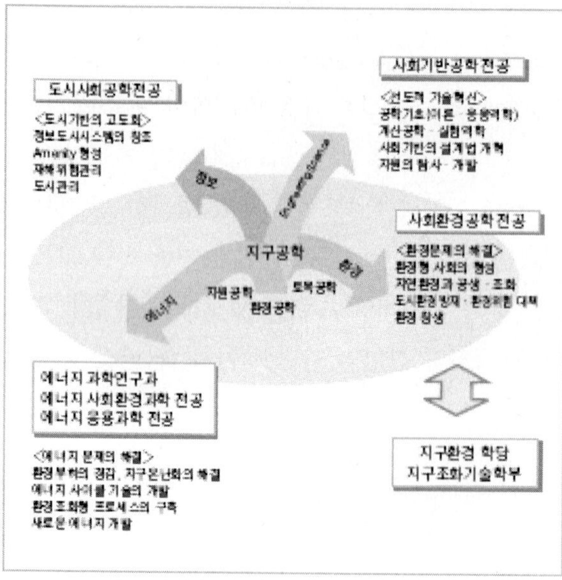

[그림 3-1] 교토대학 지구공학과의 구성

과목수가 많기 때문에 각 분야별 코스의 의도대로 학생이 따라주지 못하여 자신의 의지와 관계없는 코스를 들어야하는 현상도 나타났다.

교토대학 지구공학과에서는 커리큘럼 및 교육시스템검토위원회를 2001년부터 구성하여 토목공학의 문제점에 대해 논의를 집중하였다. 그 결과 2003년 입학 신입생부터 학생의 입장에서 보다 효율적으로 기초과목을 학습할 수 있게 한 신커리큘럼(표 3-2)을 도입하게 되었다.

신컬리큘럼 1학년 필수과목인 '지구공학 총론'은 통상의 강의와 함께 5~6명의 소수로 운영되는 세미나를 도입하였다. 이는 맡은바 분야의 교육과 연구에 있어서 최고의 교수들과 직접적인 만남을 통해 자신이 속한 학과의 다양한 내용을 알게 하고 자신의 학과가 사회의 어떠한 분야에 위치하고 있는가 등을 파악하게 함과 동시에 수준 높은 지식 습득의 장을 마련하기 위함이었다.

한편, 교토대학 대학원은 토목공학, 토목시스템공학, 교통토목공학, 위생공학, 자원공학 전공으로 조직되었으나, 2003년 환경지구공학 전공을 포함한 6개 전공이 사회기반공학, 도시사회공학, 도시환경공학 전공으로 재편되었다.

사회기반공학 전공은 사회의 인프라를 지탱하는 기초적 기술의 계승을 통하여 사회기반의 정비, 유지관리, 방재, 자원에너지의 탐사·개발·이용등에 관련한 기술을 개발하여 인류의 지속적 발전과 자원의 안정공급, 지구환경과의 조화에 기술적 측면에서 공헌함을 목적으로 한다. 개설되는 강좌는 응용역학, 지각공학, 구조공학, 구조재료학, 지반·수공학이 있다.

[표 3-2] 지구공학과의 전문과목(신커리큘럼)

학년	커리큘럼		
1학년	지구공학 총론, 정보처리 및 연습		
2학년	지구공학, 기초수리, 확률 통계 해석 및 연습, 공업수학 B1, 일반역학, 사회기반 디자인, 구조역학 I 및 연습, 수리학 및 연습, 토목역학 I 및 연습, 계획시스템 분석 및 연습, 자원 에너지론, 물리탐사학, 기초 환경공학 I, 환경위생학		
3학년 및 4학년	토목공학 코스	자원공학 코스	환경공학 코스
	재료학, 구조실험 · 해석연습, 파동 · 진동학 공공경제학, 토질 실험 및 연습, 수리공학, 교통정책론, 사회시스템계획론, 지반환경공학, 토목법규, 내진 · 내풍 · 설계론, 지구방재공학, 재료실험, 콘크리트공학, 건설공학개론, 해안환경공학, 하천공학, 교통관리공학	유체역학, 지질공학 및 연습, 파동공학, 탄성학 및 연습, 열유체공학, 지각개발공학, 시계열해석, 소성공학 및 연습, 자원공학 기초계측, 자원공학, 화학 실험, 응력해석 및 연습, 자원공학재료실험, 지각해양자원론, 에너지공학	환경장치 공학, 방사선위생공학, 환경공학실험 1, 환경공학실험 2, 폐기물 공학
토목 · 자원 · 환경 공통	계량학 및 실습, 지구공학디자인, 기초환경공학II, 공간정보학, 공학윤리, 특별연구		
토목 · 환경 공통	수질학, 상수도공학, 하수도공학, 학외실습, 수자원공학, 연속체의 역학, 수문학기초, 대기 · 지구환경공학, 도시·지역계획		
토목 · 자원 공통	암반공학, 공업수학 B2, 구조역학II 및 연습, 토질역학II 및 연습		
자원 · 환경 공통	물리화학, 분리화학, 공업계측		

도시사회공학 전공은 현대 도시사회에서 발생될 수 있는 대규모 리스크 등의 문제점을 인식하고, 삶의 질을 높일 수 있는 지속가능하고 안전하며 국제 경쟁력이 있는 도시정보시스템의 실현을 목적으로 한다. 개설되는 강좌는 도시기반시스템공학, 도시사회계획학, 교통매니즈먼트공학, 라이프라인공학, 사회기반매니즈먼트공학이 있다.

도시환경공학 전공은 인간 활동이 여러 형태로 표현되는 도시를 무대로 사람들의 생활양식과 도시기능의 보전과 창조, 풍부한 자연환경과 생태계의 유지 및 육성을 지향하는 새로운 도시환경공학 체계의 창출과 공학기술 시스템의 교육과 연구를 목적으로 한다. 개설되는 강좌는 지각환경공학, 환경디자인공학, 도시공간공학, 거주공간학, 환경정보학, 워터프론트환경공학, 복합구조디자인공학, 환경시스템공학, 환경위생학, 지오프론트환경공학, 종합환경학, 환경재료학, 환경구성학이 있다.

한편 일본 홋가이도대학은 환경사회공학과란 명칭 아래 Civil Enginerring Course, 국토정책학 Course, 건축도시 Course, 위생환경공학 Course, 자원순환시스템 Course로 나누어 교육하며, Civil Enginerring Course는 다음 그림의 나무의 예에서와 같이 과목 영역을 보이고 있다.

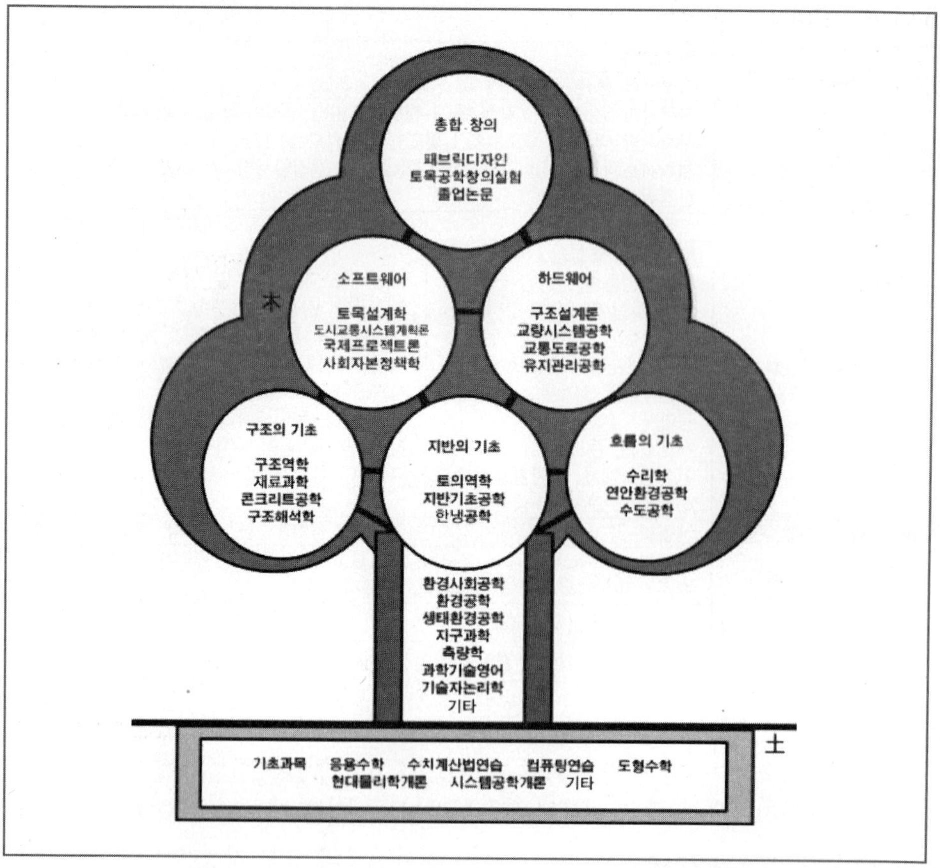

[그림 3-2] 홋카이도대학 토목나무

일본은 토목공학의 새로운 패러다임으로 '도시', '환경' 등을 키워드로 하여 학과명을 변경하고 있다. 그리고 JABEE 인증 제도를 통해서는 토목공학 전공자의 질적 수준 향상을 도모하고 있으며, 또 커리큘럼을 시대에 맞게 재조정하는 등 다양한 노력을 기울이고 있다.

■ 도쿄대학 사회기반학과 교육프로그램

안태호·박내선은 대한토목학회지(2006.5)에 기고한 '도쿄 대학의 사회기반학과 교육프로그램 I'의 글에서 일본 도쿄 대학의 사회기반학과를 아래 내용을 중심으로 소개하였다.

1877년 설립된 도쿄대학은 10개의 학부와 15개의 대학원 그리고 11개의 연구소 조직으로 구성되어 있다. 토목공학과는 1886년 공학계 창설과 함께 시작한 전통을 가지고 있는 학과이다. 자연재해가 유난히 많은 일본에서 토목공학의 중요성이 일찌기 인식되고 연구, 발달된 것은 필연적이었을 것이다. 1923년 진도 7.9의 관동대지진이 일어난 후인 1930년도에 지진공학연구소를 설치하였고, 시대 변화와 함께 토목공학과라는 명칭을 '사회기반학과'라는 명칭으로 개칭하여 전통적인 토목공학의 분야 뿐만 아니라 사회기반시설에 대한 계획 및 프로젝트 관리를 포함한 폭 넓은 연구를 활발히 진행하고 있다.

도쿄대학에서의 사회기반학과란 전통적인 의미의 토목공사 즉 교량이나 도로의 시공 혹은 댐이나 하천의 정비 등 기술 만을 의미하는 것이 아니다. 이러한 기반기술을 중심으로 수질환경계나 생태계, 도시문제, 방재, 지역 또는 국토의 계획, 사회자본 정책이나 프로젝트관리, 국제 협력 등 시대의 변화와 요구에 맞추어 보다 폭넓은 영역을 포괄하게 되었다. 특히 시민의 실생활과 밀접한 윤택한 생활기반의 구축 및 자연환경의 재생과 창조를 실현하기 위하여 기반기술, 설계, 정책, 관리 등도 통합적으로 연구하고 있다.

도쿄대학에 입학한 학부생들은 2학년 2학기 때 자신의 희망과 그 때까지의 성적을 바탕으로 전공을 선택하게 된다. 이때 사회기반학과를 선택한 학생들은 다시 세부전공으로 A, B, C 세 반(코스)으로 나뉜다. A반은 설계·기술 전략부문, B반은 정책·계획부분, C반은 국제 프로젝트 부문을 공부하게 된다. 설계·기술 전략 코스에서는 주로 역학, 설계론, 기술론을 취급하는 과목을 수강하며, 정책·계획코스에서는 정책론이나 계획론, 관리론 등을 수강하며, 국제 프로젝트 코스의 경우에는 사회 기반 학과의 기초 과목과 더불어 국제 프로젝트의 실시 및 국제사회와의 커뮤니케이션 기술 관련 과목들을 이수하게 된다. (표 3-3, 표 3-4 참조)

[표 3-3] 사회기반학과의 코스 과정

<table>
<tr><th>과정명</th><th colspan="2">주요내용</th></tr>
<tr><td rowspan="4">사회기반학 A코스
(설계·기술 전략 부문)</td><td colspan="2">1. 주요 학습 목적 : 사람들의 거주나 이동 및 쾌적한 도시공간을 창출하는 것과 동시에, 도시를 재해로부터 보호하기 위한 연구 및 자연환경과 인간의 바람직한 관계를 유지하면서 인간의 생활을 더욱더 윤택하게 할 수 있는 방법들을 연구한다.</td></tr>
<tr><td colspan="2">2. 제공 커리큘럼</td></tr>
<tr><td>1) 기술과 사회/자연과의 관계에 대하여 연구하며 새로운 사회상/세계관을 창출한다.</td><td>• 기반기술 정책론
• 지구환경학
• 연안환경계획
• 환경/에너지 정책론
• 하천·해안계획 개론
• 하천재생 기술론</td></tr>
<tr><td>2) 경쟁력있는 기술을 바탕으로 새로운 시장 · 사업 모델을 창출한다.</td><td>• 기반기술 설계론
• 사회와 기술전략
• 사회기술론
• 기술이전론</td></tr>
</table>

<table>
<tr><td rowspan="5">사회기반학 A코스
(설계 · 기술 전략 부문)</td><td>3) 현장 체험을 통한 사회기반의 설계 · 기술 전략을 학습한다.</td><td>• 벤처기업 실습(국내외)
• 국제교섭 실습
• 기술전략 연습
• 해외 제휴 대학원과 교환유학(기술정책)</td></tr>
<tr><td colspan="2">3. 졸업 후 진로</td></tr>
<tr><td>1) 기반시설 설계분야</td><td>• 구조설계 및 설계 컨설턴트
• 건설기업 설계부문, 설계사무소
• 환경설계, 환경계획 컨설턴트 엔지니어링, 씽크탱크, NGO/NPO</td></tr>
<tr><td>2) 기반시설 공학 분야</td><td>• 사회기반시설공학
• 건설기업 시공 부문, 운수, 에너지
• 정보통신, R&D, 대학 · 관공서 연구소, 기업 기술연구소 · 신규사업 부문, 엔지니어링</td></tr>
<tr><td>3) 기반시설 관리 분야</td><td>프로젝트 관리자, 관공서, 국제기관, 상사, 부동산, 금융, 기술 매니저, 벤처기업, 법률가 · 변호사 전략적 컨설턴트</td></tr>
<tr><td rowspan="2">사회기반학 B코스
(정책 · 계획 부문)</td><td colspan="2">1. 주요 학습 목적 : 일반적인 시설물이나 공간의 계획 · 설계는 물론, 전문 분화되어진 각 기술들을 종합하여 국토나 지역 · 도시의 비전을 제시할 수 있는 창의적인 인재의 육성을 목표로 하고 있다</td></tr>
<tr><td colspan="2">2. 제공 커리큘럼
• 커뮤니케이션 중요성 학습 : 발표 및 토론을 축으로 한 강의 형식
• 기초 기능의 학습 : 기초적인 학습 과목을 이수
• 실천적 감각의 양성 : 프로젝트 연습을 통한 실례를 기초로 한 강의 및 연습, 실무자에 의한 강의
• 폭넓은 소양 학습 : 자연 · 인문 · 사회의 기초 교양을 중시하며, 초보자라도 배울 수 있는 강의를 준비</td></tr>
<tr><td rowspan="5">사회기반학 C코스
(국제 프로젝트 부문)</td><td colspan="2">1. 주요 학습 목적 : 지역사회에 공헌할 수 있는 인재와 함께 국제사회에서 활약할 수 있는 인재 육성에 기초를 두고 있다.(세계은행, 아시아 개발은행, 유네스코 등의 유엔기관, 국제적인 NPO나 기업 그룹 등을 활약의 목표로 둔다.)</td></tr>
<tr><td colspan="2">2. 제공 커리큘럼</td></tr>
<tr><td>1) 해외 실습 · 교류
(해외 하계 실습)</td><td>• 3학년을 주된 대상으로하는 1-2개월 단기 실습 제도
• 구미 및 아시아 대학 파견(비용은 학교가 지불)
• 국제 커뮤니케이션 트레이닝 클래스 수강</td></tr>
<tr><td>2) 해외 인턴 · 유학</td><td>• 아시아 개발은행 등의 국제기관과 협력하여 반년 정도의 연수를 실시
• 체제 비용은 학과가 부담. 대학원생의 경우에는 국제개발 프로젝트에 관련되는 실제 업무에 종사하여 그 내용을 바탕으로 석사 논문 작성</td></tr>
<tr><td>3) 해외 파견
(컨설팅 회사 UTCE)</td><td>• 실제 국제 프로젝트에 직접 관련될 기회를 얻기 위하여 도쿄대학이 출자 · 설립한 컨설팅 회사
• 해외의 프로젝트를 졸업 논문과제로 채택하여 국제 원조 기관에 대한 컨설턴트 업무를 실시
• 현재까지, 국제협력은행(JBIC)의 의뢰를 받아 국제 프로젝트 · 원조에 관련되는 안건 지원 조사 · 평가를 실시</td></tr>
</table>

학부생은 4학년에 진학하면서 전원이 각 연구실에 배속되어 졸업논문을 작성하게 된다. 연구실 배속은 각자의 희망을 바탕으로 각 연구실에 할당된 규모와 학생의 성적 등을 고려하여 이루어진다. 각 연구실에서는 본인의 흥미나 연구의 사회적 의의를 충분히 고려한 후 졸업 연구의 테마를 결정하게 되는데, 독창적이고도 사회에 공헌할 수 있는 연구 분야를 적극적으로 장려하고 있다. 같은 연구실의 석사 및 박사과정의 학생들과 협력연구를 하는 경우가 많다. 졸업논문을 학부 졸업을 위한 가장 중요한 관문으로 여기고 있다. 졸업논문 발표는 연구의 의의, 논리적 연결성 및 분석능력, 독창성은 물론이고, 짧은 시간동안 자신의 연구를 조리 있게 발표하는 능력 또한 평가기준이 되고 있다.

졸업생의 대부분은 자신의 전문분야를 활용하고자 대학원 석사과정에 진학하고 있으며, 그 외의 경우는 국가 공무원 시험 등을 통하여 중앙 관청이나 지방자치단체, 에너지나 철도 등의 공익사업에 취직을 하는 경향이 강하다. 대학원에 진학하는 경우에도 본인의 희망을 바탕으로 생산기술연구소 및 지진연구소의 사회기반학과 관련한 연구 활동을 한다. 이 외에도 국제화를 위한 발판으로 학생들이 해외에서 유학하기 쉽도록 외국의 유수 공대 토목프로그램과 제휴하여 학생교환 프로그램을 운영·지원하고 있다.

[표 3-4] 사회기반학과 학부 강의 과목 및 세부 이수 학점

과목명	단위	2학년	3, 4학년		
			설계기술 전략 코스	정책·계획 코스	국제 프로젝트 코스
사회기반기술과 역사		○			
사회기반 시스템계획서론		○			
구조역학		○			
토목설계론		○			
콘크리트공학		○			
지반공학개론		○			
기초유체역학		○			
하천수자원계획	1.5	○			
사회자본계획		○			
공간정보개론		○			
국제프로젝트개론		○			
기초수학		○			
기초정보학		○			
수리수법 Ⅰ		※			
소인원 세미나 Ⅰ		※			
기초 프로젝트 Ⅰ	3.0		○	○	○
기초 프로젝트 Ⅱ	2.0		○	○	○
기초 프로젝트 Ⅲ	2.0		○	○	○
기초 프로젝트 Ⅳ	2.0		○	○	○
국제 프로젝트 실습	1.0		※	※	○
공간 정보학 실습	1.5		※	※	※
시회 기반학 실습	1.0		○	○	○
필드 실습	1.5		◎	◎	◎
신뢰성설계와 리스크분석	1.5		○	○	○

과목명	단위	2학년	3, 4학년		
			설계기술 전략 코스	정책·계획 코스	국제 프로젝트 코스
재료역학	1.5		○	○	※
성능대조 조사와 설계	1.5		○	○	○
지반공학	1.5		○	○	○
수리학	1.5		○	○	○
해안공학	1.5		○	○	○
지구환경학	1.5		○	○	○
기업과 기술경영	1.5		○	○	○
기초 경제학	1.5		○	○	○
수리분석수법	1.5		○	○	○
도시학	1.5		※	○	※
공간정보학 I	1.0		○	○	○
매니지먼트원론	1.5		○	○	○
경관학	1.5		○	○	○
교통학	1.5		○	○	○
평가론	1.5		○	○	○
국제프로젝트의 발굴·형성	1.5		○	○	○
개발과 인프라	1.0		※	※	○
국제 커뮤니케이션 기초 I	1.5		※	※	○
응용 프로젝트 I	1.5		※	○	※
응용 프로젝트 II	3.0		※	○	※
응용 프로젝트 III	1.5		○	※	※
응용 프로젝트 IV	1.5		○	※	※
응용 프로젝트 V	1.5		※	※	○
소인원 세미나 II	1.5		※	※	※
콘크리트 내구설계와 리사이클	1.0		○	※	※
지반구조학	1.5		○	※	※
자연재해와 도시방재	1.5		○	※	○
지구수 순환과 사회	1.5		○	※	※
다리의 계획과 설계	1.5		○	※	※
스톡 관리기술과 매니지먼트	1.5		○	※	※
시회기술론	1.5		○	※	○
기술이전론	1.0		○	※	○
기반기술 정책론	1.0		○	○	※
연안환경 계획	1.0		○	○	※
유사계보전 계획	1.5		○	○	※
하천재생 기술론	1.0		※	※	※
국토학	1.5		○	○	○
토지학	1.5		※	○	※
수리분석 수법 II	1.5		※	○	※
공간정보학 II	1.5		※	○	○
환경에너지 정책론	1.5		※	○	○
법학기초	1.0		※	○	○
재무학	1.5		※	○	○
공공 경영학	1.5		※	○	○
프로젝트 매니지먼트	1.5		○	○	○
국제협력학	1.5		※	※	※
국제 커뮤니케이션 기초 II	1.5		※	※	○
물리수학의 기초	1.5		※	※	※
정보시스템 설계	1.5		※	※	※
동적시스템 디자인	1.5		※	※	※
계산역학	1.5		※	※	※
정보사회 기반론	1.5		※	※	※
바람과 구조물	1.5		※	※	※

지반 내진공학	1.5		※	※	※
구조설계 특론	1.5		※	※	※
사회적 의사결정론	1.0		※	※	※
개발경제의 이론과 실천	1.0		※	※	※
국제사회의 협조와 교섭	1.5		※	※	※
생태학 · 생태공학	1.5		※	※	※
비영리 조직론	1.5		※	※	※
아시아 경제 개발	1.5		※	※	※
지반 공학 프론티어	1.5		※	※	※
개발도상국 프로젝트 특론	1.0		※	※	※
난류경계층 역학	1.5		※	※	※
종합프로젝트 연습	2.0		○	○	○
사회기반 프로젝트(졸업연구)	10.0		◎	◎	◎

◎ 필수선택 과목 : 11.5 단위 이수 ○ 한정선택 과목 : 54 단위 이상
※ 표준선택 과목 : 한정선택 과목과 합하여 60단위 이상

도쿄대학 사회기반학과에서는 그림 3-3에서 볼 수 있는 바와 같이 학부에서는 강의 체계를 기간과목 그룹, 기초과목 그룹, 응용과목 그룹, 연습과목 그룹으로 나누어 A, B, C반별로 개설하고 학습하여 졸업연구를 마치고 많은 학생들이 대학원 과정을 밟는다.

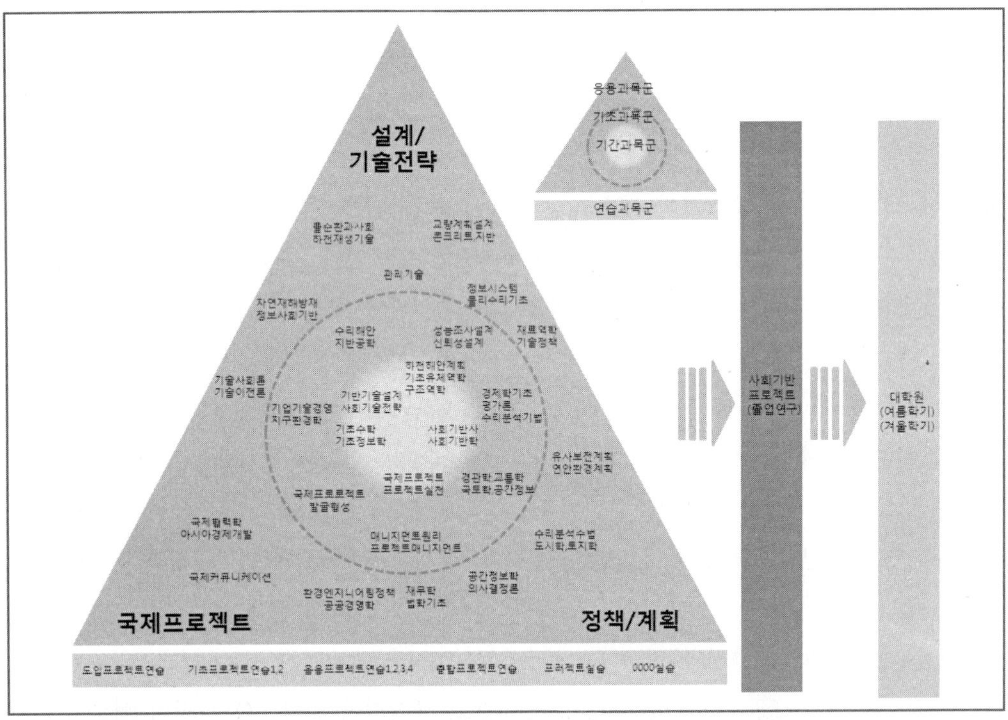

[그림 3-3] 도쿄대학 사회기반학과 강의체계

3) 미국 대학의 교육프로그램

일본 대학의 새로운 토목환경공학 교육에 대해서 토목환경계열 명칭 변경과 일본 교토대학과 도쿄 대학 등을 중심으로 새 교육프로그램에 대해서 알아보았다. 미국 대학의 토목환경공학 교육프로그램에 대해서는 미국 위스콘신대학(University of Wisconsin-Madison)의 토목환경공학 교육프로그램에 대해 이동욱·박은수가 대한토목학회지(2006.2)에 기고한 'University of Wisconsin-Madison의 토목공학교육 프로그램'의 글을 중심으로 살펴본다.

미국 위스콘신주의 주도 Madison에 위치하고 있는 위스콘신대(University of Wisconsin-Madison)는 1848년에 설립된 주립대학으로 4만명이 넘는 학부생들이 재학 중이다. 학교 주위에 크고 작은 다섯 개의 호수들과 200여개의 공원이 학교를 둘러싸고 있어서 아름다운 캠퍼스로 널리 알려져 있다.

토목환경공학과에서는 토목환경 분야별 기초적인 부분과 전문적인 분야의 균형을 맞춘 프로그램을 운영하고 있다. 커리큘럼에는 기초학문 과정으로 수학, 화학, 물리학, 공학기초, 예술분야, 커뮤니케이션 기술을 익히며, 전문 과정으로 구조공학, 지반공학, 건설경영, 교통공학, 측량학, 수리학, 환경공학으로 구성되어 있다.

이수해야 할 주요과목으로, 수학적인 능력과 공학적인 기본 바탕을 키우기 위한 기초과정인 Mathematics and Statistics Requirement, 순수 자연과학 교육을 위한 과정으로 앞의 기초과정과 함께 공학을 하기 위한 기초 과정인 Natural Sciences Requirement, 토목공학을 위한 세부과정으로 자연과학 기초과정 과목보다 한 단계 높은 수준의 전공분야를 배우기 위한 준비과정인 Engineering Science Requirement가 있다. 그리고 학생의 전공 세부분야 선택에 따라 이수하여야 할 프로그램의 특성이 다르게 된 Civil Engineering Reguirement, 세부 선택전공에 따라 코스의 이수학점 기준이 다르게 편성된 Applied Engineering Requirement가 있다. 또 공학적인 사고를 위한 기술적인 발표력과 기술서 작성과 실무 능력을 익힐 수 있는 과정인 Communication Skills Requirement, Liberal Studies Requirement이 있고, 경제학 코스와 환경문제로 구성된 Mathematics and Statistics Requirement도 있다.

학부과정 중 건설분야의 보다 전문적인 과정을 원하는 학생들을 위해 3가지의 과정(Three Program Options)을 선택할 수 있으며, 세 과정의 선택을 통해 보다 깊이 있는 공부를 할 수 있게 된다. 3가지 과정은 Environmental Engineering, Construction Engineering and Management, Fluid Systems Engineering으로 구성되어 있다. 각 과정의 필수학점 이

수과정을 비교해 보면 전문 분야인 Applied Engineering Requirement와 Civil Engineering 과목의 비중에 따라 차이를 두고 있다. 이 3과정을 통해 학생들에게 선택의 폭을 주어 세부전공 이수를 통한 전문가 양성을 하고 있으며, 전문 공학인 육성을 위한 FE(Fundamental of Engineering) 시험을 4학년 마치기 전까지 응시하도록 장려함으로써 건설 전문인력의 기본 바탕을 다지는데 신경을 쓰고 있다.

대학원 프로그램은 연구 중심적인 성격이 강한 프로그램들이며, 연구실험, 현장 연구, 컴퓨터 활용, 이론적인 연구 외에 다양한 방법을 이용한 연구가 이루어진다. 이러한 필수적 연구과정을 통해 선택된 연구 주제와 결과들에 대한 뛰어난 논문을 내고 발표력을 길러 기술적으로 숙달된 전문가 양성이 이루어지고 있다. 운영되고 있는 총 10개 프로그램은 다음과 같다.

· Construction Engineering and Management Program : 토목공학 이외에 산업공학, 컴퓨터공학, 재료공학과 같은 기술적인 영역들과 함께, 특히 통계, 파이낸싱, 산업정책, 노동법, 제도/정책 등의 추가적으로 제안된 과목을 선택할 수 있다.
· Environmental Chemistry and Technology Program : 환경공학의 측면에서 수중의 환경, 지구생물화학, 환경기술, 대기오염 등에 대한 공학적인 연구를 실시한다.
· Environmental Engineering Program : 환경공학은 폐기물공학, 대기공학, 유체역학 토양오염 등의 환경 분야의 전문 학문을 익히게 된다.
· Environmental Fluid Mechanics : 이 과정은 자연과 인간의 환경에 필요한 측정, 모델링, 설계, 수중 시스템의 작용을 위한 방법을 연구하는데 목적이 있다. 물의 흐름, 비와 눈의 용해 등과 같은 현상에 대한 시설물의 계획과 작동을 주관하고, 그러한 시스템의 향상을 위한 연구를 진행한다.
· Geo-engineering Program : 이 프로그램은 지질적 사고와 공학적인 능력을 기를 수 있는 공학프로그램이다. 환경을 보호하기 위해 지구상의 물질들을 이용한 가장 좋은 방법을 연구하는 학문이다.
· Geological Engineering Program : 이 프로그램은 지구의 기원, 구성, 발달에 관해 지질학과 건물의 구조와 같은 과학적인 사고를 통해 이루어진다. 연구를 통해 환경의 보호를 위한 지구의 기술적인 문제를 해결하는데 초점을 맞추고 있다.
· Structural Engineering Program : 이 프로그램은 건설의 재료/물질과 구조 시스템에 대한 조사와 연구를 목적으로 하고 있는데, 재료공학, 수학, 컴퓨터공학, 정책 등의 구조공학 이외의 학문을 조합하여 연구가 이루어지고 있다.

· Transportation Engineering and City Planning Program : 프로그램의 주요 커리큘럼을 살펴보면, 도시교통계획, 고속도로공학, 교통공학, 안전공학, 고속도로 재료/설계, 교통시스템, 교통시스템계획, 도시관리와 정책 등이 있다.
· Transportation Management and Policy Program : 고속도로, 대중교통, 철도, 항공, 여객선의 네트워크를 활용하는 것과 같이 현대인의 삶을 편리하고 풍요롭게 하는데 목적을 두고 있다. 인턴쉽 과정을 두고 있는 것이 특징이다.
· Environmental Science : 이 프로그램은 환경적인 문제와 시스템에 대한 화학적이고 생물학적인 접근을 통해 호수, 강, 지하수 등에 필요한 환경공학적인 과정과 환경친화적인 기술을 연구하는데 목적을 두고 있다.

University of Wisconsin에서는 계속교육(Continuing Education)과정을 운영하고 있다. 이 과정은 엔지니어의 전문적인 능력의 향상, 특정자격이나 학점 취득, 새로운 기술경향에 대한 정보 획득, 엔지니어 기술의 지속적인 개발 등을 위해 운영되고 있다. 이 교육과정은 워크숍 형태의 프로그램과 정규 대학원 과정과 연계되어 이루어지는 학위 프로그램이 있다.

위스콘신대학 토목환경공학과의 학부와 대학원 커리큘럼의 특징은 주요 과목의 틀을 유지하면서도 세부전공(구조, CM, 지반, 환경, 교통 등)별로 전문 교과목을 선택할 수 있는 유연성을 가지고 있는 것이라 하겠다. 토목환경공학분야의 눈부신 발달에 따라 대학에서 교육해야 할 교과목의 수가 팽창했으며, 주어진 시간에 모든 교과목을 소화한다는 것은 실제적으로 어려워졌기 때문이다. 실제로 토목환경공학과에 입학한 학생들은 2학년 시기에 자신의 세부전문분야(구조, CM, 지반, 환경, 교통 등)를 선택하고 그 분야에 관련된 수업을 집중적으로 선택/이수하여 졸업 후 자신이 진출하고자 하는 분야에 유리하게 자신의 포트폴리오를 구성하는 것을 볼 수 있다.

대학원 커리큘럼 또한 상당한 유연성을 가지고 있는데, 지도교수가 인정하면 일정 범위 안에서 대학 내 어느 전공/학과에서든 학점을 이수할 수 있다. 토목환경공학과 대학원생들은 공대 내 타 전공의 수업뿐 아니라 필요에 따라 수학과, 통계학과, 지질학과, MBA, Law School 등의 대학원 수업도 이수하는데 이는 학문적 깊이를 제고하고, 학문 간 융합을 통한 신이론 신기술 개발 등에서 매우 도움이 되고 있다.

4) 공학교육인증과 공학설계

(1) 공학과 공학자

인간은 호모 하빌리스(homo habilis) 즉 도구를 사용하는 동물이라 말한다. 집을 짓고, 길 내고, 다리를 놓는 일은 도구를 사용한 기술로서 가능했다. 도구를 사용한 기술은 공학을 탄생하게 하였는데, 19세기 산업혁명 이전의 주택과 도로 건설과 같은 것은 기술공학이었고, 또 동양에서 토목공학이라 불리고 있는 시민공학(civil engineering)이었다. 시민공학은 기존의 군사공학(military engineering)에 반대되는 개념으로 탄생되었다. 산업혁명이 일어난 이후 제련기술과 정유기술의 발전과 각종 산업 제품의 생산으로 공학은 새로운 시대를 맞이하였고, 군사공학과 맥을 같이하는 기계공학을 비롯하여 전기공학, 화학공학, 재료공학 등이 탄생되었다.

이후 교통통신과 전자기술의 발달과 기계화에 의한 대량 생산으로 더욱 발전하였고 인간과 사회 부문에도 공학적 방법이 적용되어 산업경영공학, 정보공학, 도시공학, 환경공학, 생물공학, 해양공학, 사회공학, 교육공학 등 공학이 지식기반사회의 바탕이 되고 있다.

지식기반사회를 맞이한 오늘날 공학자들의 기술혁신에 의한 여러 산업 분야의 경쟁력 제고가 국력을 키우는 절대적인 요소로 되어 있어 공학의 비중이 그 어느 때보다 커졌다고 할 것이다. 이에 일반적인 공학(engineering)의 정의와 다소 혼동되며 사용되어지는 과학(science)과 기술(technology)의 정의를 문헌을 통해 알아보면 다음과 같다.

- 공학(engineering)은 자연, 인간, 사회, 인조물 등 제반 대상과 주변 환경이 복합적으로 작용하여 만들어낸 문제에 대한, 합리적이고 일반성 있는 해결 방법을 탐구하고 활용하려는 학문이다.
- 공학은 더 높고 더 큰 가치를 창출하는 인간의 경제적 활동을 다루는 기본 학문이다.
- 공학은 복지(부가가치) 창출과 관련되는 제반 학문 체계이다.
- 공학은 과학적 지식과 기술적 수단을 이용하여 가장 경제적인 방법으로 인간의 욕구를 충족시키는 체계적인 학문이다.(이상 이 경우 외)
- 공학은 실제적인 문제를 해결하기 위하여 과학적 지식을 응용하는 과학 또는 예술을 다루는 원리이다.
- 공학은 인류사회의 필요성에 과학을 응용하는 것이다. 이것은 과정이나 목표를

위해 유용한 설계에 필요한 지식, 수학 및 실제적인 경험으로 성취된다.

- 공학은 시스템을 설계하기 위하여 과학적 지식과 시행착오(trial-and-error)를 사용하는 것이다.
- 공학에서 분석이나 설계는 방대한 준비과정과 수학, 화학, 물리학 및 공학과학의 사용에 대한 경험을 요구한다. (이상 김길희 외)
- Engineering is the profession in which a knowledge of the mathematical and natural sciences gained by study, experience, and practice is applied with judgement to develop ways to utilize, economically, the materials and forces of nature for the benefit of mankind. (미국 공학교육인증원)
- 과학(science)은 객관적이고 합리적인 방법으로 인간, 자연 또는 사회의 현상을 이해하고 통제하려는 학문이다.
- 과학은 체계적이고 합리적인 방법을 이용하여 자연이나 자연현상을 대상으로 원리나 법칙을 탐구하는 과정 또는 그 과정에서 얻어진 지식이다. (이상 이 경우 외)
- 과학은 자연 및 사회의 성질을 연구하는 학문이다. (김길희 외)
- 기술(technology)은 과학과 독립적으로 존재하며, 지적 호기심보다는 실질적 유용성을 우선적으로 추구하고, 가설 연역적 방법을 사용하고, 검증 과정보다 실현 과정을 중요시하여 자연, 인조물 또는 서비스를 변형하고 생산하는 활동 또는 수단이다. (이 경우 외)
- 기술은 사람의 필요에 의해 도구나 기계, 재료 등을 개발하고 사용하는 과정이며, 또 경제에서 제품을 생산하는 최신 방식을 의미한다. (김길희 외)

공학은 물건 등을 만들기 위하여 과학적 지식을 응용하여 연구하는 학문이다. 또 공학은 제품을 생산하여야 하기 때문에 경제성을 고려하여야 하고 그 제품이 우리 사회에 미치는 영향도 고려한다는 점에서 과학과 차별된다. 공학은 어원적으로 직업 전문적인데 비해 기술은 일반 교양적인 성격의 차이가 있고, 공학의 연구 결과를 바탕으로 실제 제품을 만드는 것이 기술이다.

공학자 즉 엔지니어(engineer)는 무엇을 만드는데 재주가 있는 사람에서 유래되어 현재는 공학을 다루는 모든 사람들을 칭한다. 미국공학교육인증원(ABET)에서는 공학자를 "A professional who uses a knowledge of advanced mathematics natural sciences gained by higher education, experience, and practice and is devoted primarily to the creation of new technology for the benefit of humanity."라고 정의하고 있다.

공학자와 과학자의 역할을 비교하면 표 3-5와 같이 정리할 수 있다.

[표 3-5] 공학자와 과학자의 역할 비교

공 학 자	과 학 자
없었던 것을 창조	무엇인가를 탐구
현실 적용을 지향	과학적 지식 획득을 지향
문제의 해결 방법 또는 개선된 방법을 추구	현상을 연구하며, 원인에 대한 해답을 추구
현실 사회에 적용함을 목표로 하므로, 윤리적인 문제와 사회적 또는 법적 책임을 져야할 상황을 대비하여야 함	자연을 대상으로 한 탐구를 목적으로 하므로 윤리적인 문제가 별로 없음
인류의 축적된 지식을 특정 상황에 적용하여 제품과 서비스를 생산 지식은 그 자체가 목적이 아니며 구조물, 시스템, 제품 및 서비스를 생산하는 기초 자료가 됨	인류의 축적된 체계적인 지식에 새로운 지식을 추가하고, 보편적인 자연법칙을 발견

자료 : 이 경우 외(2007), 공학문제해결 입문, 시그마플레스, p.6

공학자는 급변하는 지식기반사회에서 능동적으로 적응하기 위해서 높은 전문지식의 습득과 더불어 부닥치거나 예상할 수 있는 문제를 창의적으로 해결할 능력을 배양하여야 한다. 이러한 흐름에 따라서 우리나라도 미국의 ABET를 본받아 1999년 한국공학교육인증원(Accreditation Board for Engineering Education of Korea : ABEEK)을 설립하여 공과대학 졸업생들의 자질을 보증하는 공학교육인증을 실시하고 있다.

(2) 공학교육인증(ABEEK)

공학교육인증은 공과대학의 교육 프로그램 수립과 개선을 위해 협조하고 공학 및 공학관련 작업을 추구하는 사람들의 능력개발을 도움으로써, 공학교육 전반에 걸쳐서 내실 있는 발전을 이루고 장차 지식 산업사회에서 주도적인 기여를 할 실력 있고 창의력 있는 공학인을 배출하려는 취지에 도입되었다.

인증된 프로그램 졸업생은 공학실무를 담당할 준비가 되어 있음을 보증하고, 공학교육의 발전을 촉진하며, 공학교육에 새롭고 창의적인 접근방법을 고취하고 또 인증된 프로그램을 사회에 공지하는 제도이다.

공학교육인증의 특징은 산업체가 요구하는 전문능력 및 자질 배양에 초점을 두고, 모든 대학이 아닌 희망하는 대학에 한해 인증 평가하여 전공분야별 (공학프로그램 단위)로 인증제를 실시하고 있다. 한국공학교육인증원(ABEEK)로부터 인증을 받은 대학의 졸업생이 공학교육을 통해 공학실무를 담당할 준비가 되었음을 보증해 주는 제도로 진정한 의미의 공학인을 양성하고자 마련되었다.

우리나라의 공학인증 평가활동도 시작 단계를 넘어 2007년에 인증 졸업생을 배출한 프로그램이 15개 대학 93개 프로그램이고, 예비인증 프로그램도 17개 대학 88개 프로그램에 달해 전체 공과대학 중 약 16%를 차지하고 있다. 토목환경공학 관련 인증 프로그램을 받은 대학 학과로 강릉대(토목공학), 공주대(토목공학 심화), 동국대(토목환경공학 심화), 동아대(토목공학 심화, 환경공학 심화), 부산대(토목공학 전문), 연세대(토목공학 심화), 울산대(토목공학 심화), 창원대(토목공학전문, 환경공학전문), 한국해양대(토목공학 심화, 환경공학 심화), 한양대(토목공학 심화)가 있다. 서울대(건설환경공학), 고려대(사회환경시스템공학 전문전공), 경북대(심화 토목공학, 심화 환경공학), 부경대(심화건설공학), 인제대(전문토목공학), 홍익대(토목공학 심화과정) 등의 대학 학과들도 2007년 이후 인증을 받고 있다.

울산대학교 공과대학 건설환경공학부도 2005년도 까지는 토목공학전공과 환경공학전공 2개의 ABEEK인증프로그램을 운영하였으나, 2007년부터는 교육의 효율성을 꾀하기 위하여 이를 통합하여 건설환경공학 심화프로그램(건설환경공학부 ABEEK프로그램)을 운영하고 있다.

■ ○○대학교 건설환경공학부 프로그램

○○대학교 건설환경공학부는 공학교육인증원에서 인증 받은 인증 교육프로그램과 인증 받지 못한 비인증 교육프그램을 별도로 운영되고 있으며 현황은 아래와 같다.

대학	학 부	프로그램 명칭		전공 명칭	
		인증	비인증	인증전공	비인증전공
공과대학	건설환경공학부	건설환경공학 심화프로그램 Advanced Civil Engineering Program	건설환경공학 프로그램 Civil Engineering Program	건설환경공학심화 Bachelor of Engineering in Civil Engineering	건설환경공학 Bachelor of Engineering

건설환경공학부의 모든 학생은 인증 / 비인증 프로그램을 선택하기 위한 소정의 신청서를 3학년 1학기 초에 프로그램위원회에 제출하여야 한다. 인증 / 비인증 프로그램이 결정된

후에는 프로그램의 이동을 할 수 없으며, 인증프로그램에 편성된 학생은 졸업을 위해서는 졸업요건 뿐만 아니라 공학교육인증원에서 요구하는 인증요건을 충족시켜야 졸업이 가능하다.

건설환경공학 전공의 심화프로그램 인증을 받기 위한 인증요건은 다음과 같다.

인증 요건	관련 교과 이수 학점			졸업논문주2)
	기본소양	MSC주1)	공학주제	
2006 이후 졸업대상자 (졸업학점 130학점)	18	33	51	제출
2005 후기 졸업자 (졸업학점 140학점)	18	35	53	제출

주 1) MSC는 수학, 과학, 컴퓨터 관련 교과이다.
주 2) 졸업논문은 4학년 1, 2학기의 심화설계 교과를 통해서 수행된다.

2008년부터는 위의 인증요건 외에 설계교과 18학점을 이수하고 설계교과에서 수행한 설계내용들을 정리한 설계교과 포트폴리오를 작성하여야 인증이 된다. 이에 학부에서는 인증프로그램에 편성된 학생에게 설계교과 18학점 이수와 교과목포트폴리오를 작성하도록 강력하게 권유하고 있다.

건설환경공학 2008학년도 심화프로그램의 교과과정은 다음 표와 같다.

[표 3-6] 건설환경공학 프로그램 교과과정

학년	학기	교양 및 기초과정	수학, 기초과학, 전산관련	구조 공학	지반 및 시공	측지 및 도시교통	수공학	상하수도	폐기물, 대기	공통
1	1	보고서작성 및 발표(2), 영어회화 I (6)	프로그래밍 언어(2), 일반물리학 I (3), 일반물리 실험 I (1), 일반화학 I (3), 일반화학 실험 I (1), 미적분학 I (3)							토목환경 창의공학 설계(2)
	2	공학윤리 (1), 영어회화 II (6)	프로그래밍 응용(2), 일반물리학 II (3), 일반물리 실험 II (1), 일반화학 II (3), 일반화학 실험 II (1), 미적분학 II (3)	공업역학 및 실험(2)						

학년	학기	교양 및 기초과정	수학, 기초과학, 전산관련	구조 공학	지반 및 시공	측지 및 도시교통	수공학	상하수도	폐기물, 대기	공통
2	1	과학과 기술의 역사(3), 영어 I (6)	공업수학 I (3)	재료역학 및 실험		측량학 및 실습	유체역학 I	환경생태학		기초환경 공학, 토목환경 CAD(2)
	2	영어 II (6), 기업과 사회(1)	공업수학 II (3)	건설환경 재료 및 실험(2), 구조역학 I 및 연습		GIS및 실습	유체역학 II		환경화학	환경 시스템 공학
3	1	정보문화와 현대사회(4)		철근 콘크리트 I , 구조역학 II 및 연습	토질역학 I		수리학 I 및 연습, 수리학 실험(1)	수질분석 및 실험, 상수도공학, 하수도공학	대기오염론	기초설계I(1)
	2	창업과 경영(5)		RC구조설 계	토질역학 II , 토목시공		수리학 II 및 연습, 수문학		폐기물처리 시설 설계, 대기오염 제어공학, 물리화학적 처리 실험	기초설계 II (1), 현장실습 (2), 현지적응 훈련
4	1	논리와 사고 (2)	수치해석	강구조 설계	지반설계	도시계획	수자원 시스템 설계	환경처리 시설설계	대기 및 폐기물분석 및 실험	심화설계 (1), 현지훈련 I , 완성훈련
	2	선택 과목		토목설계, 교량공학	도로 공학	프로젝트 관리, 교통공학	항만 공학	생물학적 폐수처리 및 실험		종합설계 (3), 현지훈련 II
계		12과목 24학점	15과목 35학점	10과목 28학점	5과목 15학점	5과목 15학점	8과목 22학점	6과목 18학점	6과목 18학점	13과목 30학점

밑줄 친 부분은 설계 교과목, 학점 기재 생략한 과목은 3학점임

교과과정은 크게 교양·기초과정, 수학·기초과학·전산관련 과목과 전공 트랙(track) 과목 그리고 공통 과목으로 구분된다. 전공은 구조공학, 지반 및 시공, 측지 및 도시교통, 수공학, 상하수도, 폐기물 및 대기의 6개의 트랙으로 운영되는데 학생들이 적절하게 몇 개 트랙을 중점적으로 학습하도록 권장하고 있다.

한편, 건설환경공학 심화프로그램의 교육목표로 다음 6가지를 들었다.

① 사회기반시설을 구축하는 토목환경인으로서의 책임의식과 윤리의식을 갖는다.

② 효율적인 문제 해결에 필요한 의사 전달 능력과 협동 능력을 기른다.

③ 기술업무에 필요한 컴퓨터, 공학 기초 지식 및 전문 지식을 습득한다.

④ 친환경 토목환경 구조물을 설계할 수 있는 제반능력을 기른다.

⑤ 산·학 협동 강화 교육으로 산업현장에서 요구되는 실무능력을 기른다.

⑥ 국제화 시대에 적응할 수 있도록 언어능력과 선진 기술 지식을 습득한다.

그리고 교육목표를 달성하기 위하여 ABEEK가 제시한 항목 12가지(1~12)와 추가 2개 합계 14개의 학습성과 항목을 설정하였으며, 이들 학습성과는 교육목표와 다음 표와 같은 상관관계가 있어서 학습성과를 고르게 성취할 필요가 있다.

[표 3-7] 학습성과 항목

건설환경공학 심화프로그램 학습성과 항목		
전공 기반	(1) 수학기초지식	수학, 기초 과학, 공학 지식과 이론을 토목공학 실무에 응용할 수 있는 능력
	(2) 자료분석	자료를 이해하고 분석할 수 있는 능력 및 토목공학 실험을 계획하고 수행할 수 있는 능력
	(3) 설계기본	요구된 필요조건에 맞추어 토목환경공학 시스템, 요소 및 공정을 설계할 수 있는 능력
	(4) 팀웍*	복합 학제적 팀의 한 구성원의 역할을 해낼 수 있는 능력
	(5) 문제해결*	토목환경공학 문제들을 인식하며, 이를 공식화하고 해결할 수 있는 능력
기초 소양	(6) 직업윤리	직업적, 도덕적인 책임에 대한 인식
	(7) 의사전달*	효과적으로 의사를 전달할 수 있는 능력
	(8) 사회적 영향*	거시적 관점에서 공학적 해결 방안이 끼치는 영향을 이해할 수 있는 능력
	(9) 평생교육*	평생교육에 대한 필요성의 인식과 평생교육에 참여할 수 있는 능력
	(10)시사적 논점	경제, 경영, 환경, 법률 등 시사적 논점들에 대한 기본 지식
	(11) 국제성*	세계문화에 대한 이해와 국제적으로 협동할 수 있는 능력
공학 주제	(12) 공학실무*	토목환경공학 실무에 필요한 기술, 방법, 최신 도구들을 사용할 수 있는 능력
	(13) 설계관리	실험실습과 현장실습을 통한 토목환경공학시스템을 설계하고 관리할 수 있는 능력
	(14) 기술응용	지속가능한 개발과 보존을 위한 환경친화적 토목환경공학기술의 응용력

*표는 표 3-9로 학습성과 성취도 측정

[표 3-8] 프로그램의 교육목표와 학습성과와의 상관관계

교육목표	학 습 성 과													
	1	2	3	4	5	6	7	8	9	10	11	12	13	14
① 책임, 윤리의식						○			*	○				
② 의사전달 능력 및 협동능력				*			*							
③ 공학기초지식 및 전문지식	○	○	○		*							*		
④ 설계능력								*					○	○
⑤ 산업실무능력													○	
⑥ 국제화								*			*			○

*표는 표 3-9로 학습성과 성취도 측정

학습성과는 교과목과 비교과를 통한 성취로 계량화한다. 교과목을 통한 성취로 학부에서 제공되는 모든 교과에는 교과별로 성취할 수 있는 학습성과별 점수가 정해져 있으며 성적에 따라 차등 부여된다. 비교과를 통한 성취는 교과목 이외에 다양한 항목을 통해서도 성취할 수 있다.

[표 3-9] 학습성과 성취 항목

	항목	학습성과	점수
1	영어(Toeic)	7, 11	(점수 - 550)×2, 각 50%
2	해외언어연수에 의한 언어능력	7	50점/1개월
3	영어통역에 의한 영어봉사능력	11	50점/1회
4	한어수평고사/JPT등 제2외국어능력	7	급수에 따라 배점
5	설계과제등의 작품활동에 따른 설계작품발표	12	건당 200점
6	전국(지역)규모의 창작활동에 따른 수상기록	4, 7, 8	적절히 배점, 각 33%
7	학술행사 발표	7	100 ~ 300점
8	산업체연수	4, 7, 12	1개월(100점), 각 33%
9	자격증	5	1급(500점) 2급(300점)
10	타 대학 교환학생	5, 9	한학기 200점, 각 50%
11	해외재난 및 구조활동	4, 11	200점, 각 50%
12	국내 지역 및 재난 봉사	4, 7	200점, 각 50%
13	학생회 활동봉사	4, 7	적절히 배점, 각 50%

학습성과 점수와 본인의 성취점수는 대학 웨브 UWIN을 통해서 확인할 수 있다. 학습성과 성취도는 인증요건이 아니지만 학부에서는 별표 기준 값 이상을 성취하도록 강력하게 권유하고 있는데, 성취기준 값은 상위 50%에 해당되는 값으로 한다.

(3) 공학설계

교통통신의 발달과 기계화에 의한 대량 생산으로 과학 지식을 응용한 공학의 비중이 커지면서 새로운 기술을 개발하는 과학과 기초학문의 중요성도 크게 강조되고 있다. 또 이들을 바탕으로 사람이나 사회가 필요로 하는 제품을 계획하고 만드는 공학설계(engineering design)도 공학자의 필수 과제가 되었다.

공학설계보다 광의의 설계 즉 디자인은 매우 다양하고 폭 넓게 정의되고 있다. 디자인(design)의 어원으로 '지시한다(to make out)' 또는 '계획을 세운다', '스케치를 한다'란 의미를 가진 라틴어의 데지그나레(designare)나 '목적한다(purpose)'를 의미하는 프랑스어의 데생(dessein)이나 이탈리아어의 디세뇨오(disegno)를 들기도 한다. 이 어원의 뜻은 모든 조형활동에 대한 계획을 의미하며 의장, 도안, 밑그림, 의도적 계획 및 설계, 구상, 착상 등의 넓은 의미의 조형계획을 의미하여 디자인의 기본적인 의미는 '계획' 내지는 '설계'라고 할 수 있다. 즉 어떠한 일정의 목적을 마음속에 품고, 그 실천을 위하여 세우는 일련의 행위 개념을 말하는 것이다.

디자인은 인위적이고 합목적성을 지닌 창작 행위로서, 넓은 의미로는 심적 계획으로 우리들 정신 속에서 싹이 터서 실현으로 이끄는 계획 및 설계를 의미하며, 좁은 의미로는 보다 사용하기 쉽고 안전하며 아름답고 쾌적한 생활환경을 창조하는 조형 행위이이다. 디자인은 미술에 있어서의 계획으로 특히 회화 제작에 있어서의 예비적인 스케치를 의미하기도 하다. 디자인은 일상생활 속에서 행하는 행동 전체를 목적에 알맞게 조절하는 생각일 수도 있고 기술자, 건축가, 기타 디자인 전문가들이 예술, 과학, 수학적 요소들을 조화시켜 특정한 목표를 달성하려는 복합적인 활동의 결과일 수도 있다. 결론적으로 디자인은 인간생활의 목적에 합치하는 실용적이고 미적인 조형을 계획하고 그를 실현하는 것, 즉 실용적이고 미적인 조형의 촉각적이며 가시적인 표현을 말한다.

미국 웹스터 사전에서는 설계(design)를 계획, 안, 과제, 목적, 목표 / 계획된 것 또는 목표로 하는 성과물 / 계획에 근거한 개발에 의해 만들어지는 것 / 비밀스러우며, 부정적이고 이기적인 계획 / 작업을 하기 위한 계획, 밑그림 또는 모형 / 설계도나 모형을 만들기 위한 기술 / 부품, 사소한 것, 형태나 색 등을 배열하여 완벽한 예술품 또는 발명품을 만드는 것 등으로 정의하고 있다.

Dym(1994)은 설계란 그 형태와 기능이 목표에 부합하고 구체적인 조건들을 충족시키는 제품에 대한 체계적이고 지적인 행위이자 평가행위라 하였다. Larry Leifer(1997)는 설계란 다른 사람들이 결과물을 제작하는데 기여하기 위하여 필요성, 문제정의 및 계획의 구체화 등을 하는 사회적 과정이라 하였다.

ABET에 의하면 "공학설계란 필요한 것을 만들기 위해 시스템, 요소, 공정을 고안하는 과정이다. 즉, 기초과학, 수학, 공학을 적용해 자원을 목표에 부합하도록 가공하는 의사결정 과정이다."라고 서술하고 있다. 공학설계는 예술 활동과 관련된 디자인과 수학과 논리와 관련된 과학이 결합해 성과품을 창안해 가는 과정이라 할 수 있다. 단순한 교량이나 건물이 아닌 샌프란시스코의 금문교나 시드니의 오페라하우스는 과학과 예술인 결합된 진정한 공학설계라 할 수 있을 것이다.

공학은 군사공학과 토목공학에서 출발하였으나 기계공학, 전기공학, 화학공학, 재료공학의 발전과 함께 공학설계도 이러한 분야의 성과품을 창안하는 과정에 대한 이론과 설명이 주로 전개되고 교과과정도 개발되었다. 일본의 오사카공업대학의 토목공학과 명칭을 도시디자인공학과로 바꾼 등의 예에서 보듯이, 최근에 전개되고 있는 지식기반사회를 염두에 두고 토목환경공학자와 공학도에게는 단순한 구조물을 중심으로 한 공학 위주의 설계보다도 디자인 원래 의미를 되새기면서 사회기반시설 전체를 생각하는 문제해결로서의 폭넓은 공학설계로 교과과정이 개발될 필요가 있을 것이다.

4 창의적 사고와 팀워크

1) 창의력이란?

21세기는 모든 분야에서 빠른 속도의 혁신이 필요하고 무한경쟁을 피할 수 없는 시대이다. 산업 분야의 혁신은 기술에만 의존하는 것이 아니다. 과감한 투자와 기술혁명을 주도하는 것은 사람이다. 아무리 정보가 빨라도 속내 깊은 사람을 앞지르지 못하고, 혁신의 속도가 빠르다고 하더라도 사람 생각의 깊이만 못하다. '산업의 쌀'인 철이 아무리 강해도 새로운 것을 창안할 줄 아는 사람보다 약하다. 새로운 정보화시대를 주도하는 반도체도 사람의 창의력이 만들어낸 기술의 새로운 산물일 뿐이다.

21세기 지식기반사회에서 사회자본시설 분야에도 새로운 과제를 해결하고 더욱 입지를 강화하기 위해서는 창의력을 가지면서 변화와 혁신을 주도할 진취성을 갖춘 토목환경공학도들에 대한 교육이 무엇보다도 필요하다. 지식기반사회가 당면하는 문제는 한정된 지식이나 경험을 통해서는 해결되기 어려울 정도로 문제 자체가 명확하지 않을 정도로 복합적이며, 그 해결 방안도 불확실하다. 이런 종류의 문제는 보통의 방법으로는 해결할 수 없고 창의적인 사고를 통한 능력을 개발해야 효과적으로 이들을 해결할 수 있다.

국어사전에서 창의(創意)란 새로운 의견을 생각하여 내거나 또는 그 의견으로 정의하고 있고, 창의성(創意性)이란 새로운 것을 생각해 내는 특성으로, 창의력(創意力)이란 새로운 것을 생각해 내는 능력이라 설명하고 있다. 창의력이란 여러 요소들이 복합적으로 작용하는 개념으로 여러 학자들이 이에 대해서 정의하고 있다.

Guiford(1967)는 창의적 사고의 기저에는 문제에 대한 민감성, 유창성, 독창성, 융통성, 종합력, 분석력, 복합성, 평가력과 같은 8개 요소가 있다고 가정하고 이 중에서 유창성, 융통성 및 독창성을 창의적 사고를 결정하는 중요한 요인으로 강조하고 있다 하였다. Torrance(1976)는 유창성, 융통성, 독창성, 정교성을 창의적 사고의 구성 요소로 보고 창의적 사고 검사(Torrance Tests of Creative Thinking ; TTCT)에서 이러한 요소들을 측정하였고, Williams(1980)도 이 입장에 동의하고 창의적 사고를 설명하였다. Lubart(1994)는 새로우면서도 유용한 산출물을 생성해 낼 수 있는 능력이라 하였다.

Herrmann(1990)은 그의 저서 '창의적인 두뇌(The Creative Brain)'에서 '가장 완벽한 의미의 창의성은 아이디어를 창출하고 그것을 명백히 하는 것이며, 결과로써 무엇인가를 생산하는 것으로, 창의적인 능력을 키우기 위해서는 성취 욕구를 증가시켜야 하며 더불어 다른 사람들이 반응할 수 있도록 아이디어를 적용해볼 필요가 있다며, 창의적인 노력에 다른 사람들이 찬사를 보태면 더욱 창의적이 된다'고 하였다. Kemper(1990)는 창의성이란 다소 호기심 있는 단어로서 사람들은 창의성을 인식할 수는 있지만 아무도 완벽하게 인정하는 정의는 할 수 없다고 하였다. Lumsdine(1999)은 창의성이란 인간 및 주변 환경과 아이디어를 교감하면서 새롭고 의미 있는 관계와 결과물을 창출하는 상상과 가능성을 가지고 노는 것이라 정의하였다.

이어령은 2008년 3월 어느 대학교 입학식에서 신입생들에게 '떴다 떴다 비행기, 날아라 날아라 높이 높이 날아라 우리 비행기' 노래를 인용하면서 '대학 2.0시대의 창조적 지성'이란 제목으로 축사를 하였다. 그의 말이 창조적 지성인의 가져야 할 자세와 함께 창의성이나 창의력에 대해서도 보다 쉽게 이해될 수 있다고 생각하기에 여기에 소개한다.

"떴다 떴다 비행기♬ 물에 뜬 부평초처럼 자율보다는 타율에 의해 대학의 좁은 문 통과한 당신 분명 '떴습니다'. 대학생이 된 여러분을 축하하는 이 자리에서 나는 '떴다 떴다 비행기'의 평범한 그 동요를 다시 한번 들려주고 싶습니다. 우리나라에는 새의 깃털로 날개를 만들어서 탈옥하는데 성공했다는 이카루스 같은 신화가 없습니다. 우리 역사책에는 하늘을 날려고 하다가 떨어져 죽었다는 옛사람의 기록을 찾아볼 수가 없습니다. 서양에는 비행 실험을 하다가 탑에서 떨어져 죽은 사람이 한둘이 아닙니다. 9세기 스페인 안달루시아에는 무어인 필나스, 11세기 영국에는 수도사 올리버, 그리고 15세기 이탈리아에는 조반니 바티스라는 사람이 있었지요. 그런 미치광이조차 없는 땅에 태어난 우리에게도 하늘을 나는 꿈은 있었습니다. '떴다 떴다 비행기 날아라 날아라 높이 높이 날아라 우리 비행기'가 그것입니다. 누가 비웃든 그 동요에는 분명 하늘을 날고 싶어 하는 우리 어린아이들의 진솔한 꿈이 담겨 있습니다. 그뿐만 아니라 단순한 가사인데도 '뜨는 것과 나는 것'과 '나는 것과 높이 나는 것'의 차이와 비전이 선명하게 드러나 있습니다.

비행기를 향해 '날아라'라고 소리치는 것을 보면 이 비행기는 뜨기만 하고 아직 날지는 못하고 있습니다. 그래서 이 비행기의 동요는 뜻밖에도 뜨기만 하고 날지 못하고 있는 우리의 문제를 상징적으로 보여주고 있는 것 같습니다. 그것도 그냥 비행기가 아니라 '우리 비행기'입니다. 그래서 '높이 날아라'라는 말이 나 자신을 향한, 나라 전체를 향한 말로 들리기도 합니다. 정말 그렇습니다. 비행기라는 말 대신 내 이름이나 혹은 친구의 이름을 넣어 불러 보십시오. 인생의 추임새가 될 것입니다. '우리 비행기'를 '우리 학교', '우리나라'로 바꾸어 보십시오. 마치 교가나 애국가처럼 들릴 것입니다. 그래서 '떴다'에서는 박수 소리를, '날아라'에서는 응원의 소리를, 그리고 '높이 높이'에서는 애틋한 기도를 들을 수 있게 될 것입니다. 우리라는 다감한 말에서 조금은 콧날이 시큰해지기도 할 것입니다.

대학에 합격한 순간 여러분도 떴습니다. 입시공부의 오랜 굴레에서 벗어나 공중에 떠있는 기쁨을 느꼈을 것입니다. 그래서인지 우리는 '뜬다'라는 말을 잘 씁니다. 인기가 뜨고 명성이 뜨고 나라 전체가 인터넷에 뜹니다. 심지어는 나를 띄워 달라고도 하고 남을 띄워 준다고도 합니다. 그러나 뜬다는 말처럼 위험하고 무서운 것도 없습니다. 연예인이나 정치인, 기업인과 그 수많은 유행상품들이 하루아침에 떴다가 사라집니다. IMF의 외환위기 때 우리는 한강의 기적으로 떴던 대한민국 전체가 허망하게 추락하는 모습을 보았습니다.

확실히 '뜨는 것'과 '나는 것'은 다릅니다. 공기든 물 위든 떠있는 것은 외부로부터 오는 타율의 힘에 의해 움직입니다. 구름이나 풍선은 자기 뜻 없이 떠다니다가 사라지고 물에 뜬 거품과 부평초는 바람 부는 대로 물결치는 대로 흐르다가 꺼져 버립니다. 하지만 독수리의 날개는 폭풍이 불어도 태양을 향해 날아오르고, 잉어의 강한 지느러미는 급류의 물살과 폭포수를 거슬러 용문에 오릅니다. 죽은 고기만이 물 위에 떠서 아래로 내려가는 법이지요. 동물학자들은 이상하게도 생물의 본능에는 흐름에 거슬러 올라가려는 습성이 있다고 말합니다. 아이들은 뛰어서 맞바람을 일으키면 바람 없이도 바람개비가 돌아간다는 원리를 압니다. 순응이 아니라 역풍이 만들어내는 이 양력(揚力)이야말로 우리를 날게 하는 창조적 지성, 그 방향을 결정짓는 이성의 힘이라고 할 수 있습니다.

날아라 날아라♪ 한 방향 좁은 골목에선 선두만이 'Best One'이지만 360도 열린 공중에서는 'Only'라는 독창성이 승리자입니다. 오늘이 지나면 '떴다 떴다'의 축하는 '날아라! 날아라!'의 응원가로 바뀌게 될 것입니다. 대학의 '좁은 문'이 하늘의 무지개로 열리는 순간입니다. 모노크롬(한 빛깔)의 수험공부와는 다른 빨-주-노-초-파-남-보의 다양한 경주가 시작되는 것입니다. 같은 방향으로 달려야 하는 좁은 골목에서는 오직 선두에 선 한 사람만이 승리자가 되지만 360도로 열린 공중에서는 모두가 원하는 방향대로 날 수가 있어 누구나 승리자일 수 있습니다. '베스트 원'이 아니라 '온리 원'의 독창성이 요구되는 경주입니다. 그렇지요. 대학생은 한 마리가 놀라서 뛰면 다른 것들도 덩달아 뛰다가 무리 전체가 낭떠러지에 떨어지는 스프링복(산양)들과는 다릅니다. 학교는 더 이상 철학자 미셸 푸코가 말하는 감옥 같은 거대한 국가의 감금장치(監禁裝置)가 아닌 것입니다. 다양성과 개방성, 그리고 자율성의 기류를 타야만 여러분은 자유롭게 날 수가 있습니다.

대학을 '광산의 카나리아'라고도 합니다. 공기에 민감한 새인 카나리아는 갱내가 오염되면 먼저 죽기 때문에 광부들은 그 경보를 통해서 위험을 감지합니다. 그런 점에서 대학은 칸트가 '영구평화론'에서 언급한 국가의 도덕적 발전의 세 단계를 반영하고 있는 곳입니다. 유치원을 무기율(無紀律)의 단계로 본다면 초 · 중 · 고의 각급 학교는 '타율(他律)'의 단계라 할 수 있습니다. 그리고 대학은 마지막 '자율(自律)'의 단계에 속한다고 할 것입니다. 타율의 단계에 있는 학교나 국가는 인간성을 단순한 수단으로 보는 사회와 같습니다. 이 수단의 왕국에서는 교육 역시 유의성(有意性)이 아니라 유용성(有用性)을 추구하고 있어 교육자와 피교육자 사이의 관계는 단순히 공급자와 소비자의 관계로 바뀌고 맙니다. 배우는 분야 역시 시험이나 취업에 관련된 것만이 뜨게 될 것입니다.

하지만 타율에서 자율의 단계로 진입하면 인격을 목적으로 하는 인간들이 서로 존중하며 살아가는 '목적의 나라'가 출현하게 됩니다. 의무교육과는 대조적으로 '자신을 위한 교육(self education)'을 실현하는 단계입니다. 이렇게 타율이 자율로 변하고 뜨는 것이 나는 것으로 전회(轉回)하는 것이 여러분의 대학생활인 것입니다. 그리고 그것을 확대한 것이 칸트가 영구평화의 이상으로 삼은 자율 단계의 국가입니다.

'높이 높이 날아라 우리 비행기♪' 나는 것만으론 부족해 풀리지 않는 5차 방정식처럼 상상력의 한계에 도전함이 대학 2.0시대의 생존법입니다. 나는 것만으로는 부족합니다. 여러분 앞에 닥쳐올 새 시대의 상황은 수학문제로 치면 고차 방정식과 같은 것이기 때문입니다. 인류는 바빌로니아의 시대부터 수천 년 동안 1차에서 4차 방정식에 이르는 난문제들에 도전하여 그것을 푸는 공식을 발견해 왔습니다. 하지만 5차 방정식부터는 어떤 공식도 일반 대수학에서는 존재하지 않는다는 것입니다. 그 한계를 발견하고 수리적으로 증명한 것이 젊은 나이에 결투로 숨진 프랑스의 천재 수학자 에바리스트 갈루아입니다. 여러분이 그냥 날아서는 안 되는 이유가 거기에 있습니다. 공식이 존재하지 않는 삶의 고차 방정식과 맞서게 된 여러분은 차가운 하숙방에서 그 난제에 도전한 갈루아와도 같기 때문입니다.

인류가 지금까지 해온 공식으로는 풀리지 않은 문제들이 여러분을 기다리고 있는 것입니다. 로컬리즘도 글로벌리즘의 문제도 아닙니다. 인간 문명의 한계를 증명하고 그것을 넘어서려는 높은 정신과 초월적인 상상력을 갖지 않으면 풀리지 않는 문제들입니다. 먹이를 찾기 위해 낮은 바다 위를 배회하는 갈매기 떼가 되어서는 안 됩니다. 조너선처럼 혼자서라도 높이 높이 나는 비행술을 연습하고 실현해야 할 것입니다. 그래서 대학을 고공 비행의 연습장이며 동시에 공식이 존재하지 않은 삶의 고차 방정식을 푸는 창조적 지성의 집합체로 만들어가야 할 것입니다. 무엇 때문이 아닙니다. 높이 날려는 의지와 욕망은 그 자체가 의미와 충족이 되는 오토텔릭(자기목적)의 산물인 것입니다.

이제 대학 2.0시대가 옵니다. 일방적인 '리드 오운리(read only)'의 인터넷 기반에서 읽고 쓰는 '리드 앤드 라이트(read and write)'로 업그레이드한 웹 2.0시대에서는 UCC(user created contents)의 경우처럼 공급자와 소비자의 경계가 없이 다 함께 콘텐트를 창조합니다. 일방적으로 지식을 얻는 것이 아닙니다. 학생들이 직접 참여해야 지식을 창조하고 공유하는 주체가 됩니다. 공식이 존재하지 않은 고차 방정식에서는 대수학만으로는 안 됩니다. 다른 학문 체계와 손을 잡아야 합니다. 전공 학과 사이의 문지방을 낮추고 두터웠던 인문학과 자연과학의 벽도 무너뜨려야 합니다. 그것이 여러분이 만들어가야 할 '대학 2.0'시대의 기반인 것입니다.

'떴다 떴다 새내기 날아라 날아라 높이 높이 날아라 우리 대학 새내기.' 어디에선가 맑은 합창소리가 들려옵니다. 세계 상위권으로 뜬 '우리나라', 한강의 기적으로 떴고 IT와 한류로 떴던 '우리나라' - 올해로 60년 환갑을 맞는 대한민국도 이제 방향을 정하여 날아야 합니다. 높이 높이 날아야 합니다."

이어령은 '떳다 떳다 비행기'의 평범한 동요에서 바람개비가 돌아간다는 원리를 깨닫고 창의력을 발휘하여 역풍이 만들어내는 양력이 비행기를 날게 함을 깨달은 것을 말한 것이다.

[실습]

어떤 과제를 발표할 때 칠판에서 화이트보드, 랜턴, OHP를 거쳐 파워포인트까지 변천한 것에 대해 기술하라.

2) 창의적 사고

공학설계를 효과적으로 수행하기 위해서는 사람의 우측 뇌에서 일어나는 과학적 분석 및 평가를 하는 창의적 사고와 사람의 좌측 뇌에서 일어나는 아이디어 창안을 하는 연역적 사고가 함께 작동해야 한다. 연역적 사고로 아이디어가 창안되면 창의적 사고로 도출된 아이디어를 분석하고 평가하여 훌륭한 공학설계를 할 수 있고 다시 새로운 아이디어를 창출하는 개념을 반복할 수 있다. 연역적 사고와 창의적 사고의 특징을 비교하면 표 4-1과 같다.

[표 4-1] 연역적 사고와 창의적 사고의 특징 비교

연역적 사고 / 좌뇌	창의적 사고 / 우뇌
· 분석적, 논리적이다. · 한 개의 해를 도출한다. · 관련 정보만 고려한다. · 과학적인 원리를 구현한다. · 매우 그럴듯한 해의 전략만 추구한다. · 논리적 단계에 도달하기 어려우면 생각을 멈춘다. · 그룹은 신성불가침하다.	· 무비판적이다. · 여러 가지 아이디어를 개발한다. · 모든 정보를 고려한다. · 확률적이며 무질서하다. · 기상천외한 정신적 상상력을 포함한다. · 모든 가능한 해결책을 찾아낸다. · 아이디어 창출과정이 끊임없다. · 그룹이 계속적으로 재정의된다.

자료 : 서영성 외(2007), 창의적 공학설계(1), Okemos Press, p.217 ~ 218

유창성, 융통성, 독창성 등을 든 Guilford와 Torrance의 표현이 창의적 사고를 결정하는 주요한 구성 요소로 이해되고 있다. 창의적 사고의 개발 기법으로 확산적이고 생성적인 발산적 사고와 초점적이고 비판적인 수렴적 사고가 있으며 이들은 서로 상보적인 역할을 하고 있다.

창의적 사고 중에서 발산적 사고는 아이디어를 만들어 내고 유의미하게 새롭게 연결하고 표현하는 사고 과정으로, 브레인스토밍(brainstorming)이나 마인드 맵(mind map) 등이 있다. 창의적 사고 중에서 수렴적 사고는 아이디어를 분석하고 다듬고 선택하는 과정으로, PMI(Plus Minus Interset)기법이나 평가행렬법(evaluation matrix) 등이 있다.

'브레인스토밍'이란 국어사전에서 '자유로운 토론으로 창조적인 아이디어를 끌어내는 일. 기업의 기획 회의에서 아이디어 개발 방식의 하나로 사용한다.'로 설명하였고, 위키 백과사전에서는 '창의적인 아이디어를 생산하기 위한 학습 도구이자 회의 기법이다. 3인 이상의 사람이 모여서, 하나의 주제에 대해서 자유롭게 논의를 전개한다. 중요한 점은 어떤 사람이 제시한 의견에 대해서 다른 참가자가 비판을 해서는 안 된다. 특정 시간동안 제시한 생각들을 모아서, 1차, 2차 검토를 통해서 그 주제에 가장 적합한 생각을 다듬어나가는 일련의 과정이다.'라 설명하였다. 브레인스토밍(brainstorming)이란 원래 오스본(A. F. Osborn)이 '특정한 주제에 대해 두뇌(brain)에서 폭풍(storming)이 휘몰아치듯이 생각나는 아이디어를 많이 내어 놓는 것'이란 뜻에서 처음 소개되었다.

브레인스토밍 회의에서는 주어진 시간에 가능한 많은 아이디어를 내는 것을 목적으로 하기 때문에 참석자들은 적극적이고 능동적인 자세로 참여할 필요가 있으며 지켜야 할 4가지 규칙(4S)이 있다. 제시된 어떤 아이디어에 대하여 절대 비판하거나 토의를 하지 않는 비판금지(Support), 비현실적이거나 거친 것도 모두 수용하는 자유분방(Silly), 진행자를 지정하여 차례대로 빠르게 돌아가면서 가능한 많은 아이디어를 양산(Speed)하고, 도출된 아이디어에 첨가하거나 결합하거나 개선하는 결합과 개선(Synergy)하는 것이 4S이다.

브레인스토밍 진행은 5~12명의 사람이 함께 함이 좋으며 성별, 나이, 수준 등이 골고루 섞이도록 하여 문제에 대해 다양한 아이디어가 나오면 좋다. 사회자가 있어서 자유스럽게 회의를 진행하고 기록자가 핵심 단어 위주로 기록을 할 필요가 있다. 제시된 아이디어에 대해서 결합과 개선의 과정을 거쳐 좋은 아이디어를 선택할 수 있을 것이다.

[실습]

브레인스토밍 모임 팀을 구성하여 제시된 문제를 해결해 보아라. 가능한 많은 해결책을 제시하되, '맞다', '틀렸다'로 구분할 필요 없이 생각해 낸 답의 수만큼 점수로 쳐서 총점 순으로 등위를 정한다.

<table>
<tr><td colspan="3">브레인스토밍 실습지</td><td colspan="2">200 .   .</td></tr>
<tr><td>참여자</td><td colspan="2"></td><td rowspan="2">점 수</td><td rowspan="2"></td></tr>
<tr><td>주 제</td><td colspan="2"></td></tr>
<tr><td colspan="2">1.</td><td>22.</td><td colspan="2">41.</td></tr>
<tr><td colspan="2">2.</td><td>22.</td><td colspan="2">42.</td></tr>
<tr><td colspan="2">3.</td><td>23.</td><td colspan="2">43.</td></tr>
<tr><td colspan="2">4.</td><td>24.</td><td colspan="2">44.</td></tr>
<tr><td colspan="2">5.</td><td>25.</td><td colspan="2">45.</td></tr>
<tr><td colspan="2">6.</td><td>26.</td><td colspan="2">46.</td></tr>
<tr><td colspan="2">7.</td><td>27.</td><td colspan="2">47.</td></tr>
<tr><td colspan="2">8.</td><td>28.</td><td colspan="2">48.</td></tr>
<tr><td colspan="2">9.</td><td>29.</td><td colspan="2">49.</td></tr>
<tr><td colspan="2">10.</td><td>30.</td><td colspan="2">50.</td></tr>
<tr><td colspan="2">11.</td><td>31.</td><td colspan="2">51.</td></tr>
<tr><td colspan="2">12.</td><td>32.</td><td colspan="2">52.</td></tr>
<tr><td colspan="2">13.</td><td>33.</td><td colspan="2">53.</td></tr>
<tr><td colspan="2">14.</td><td>34.</td><td colspan="2">54.</td></tr>
<tr><td colspan="2">15.</td><td>35.</td><td colspan="2">55.</td></tr>
<tr><td colspan="2">16.</td><td>36.</td><td colspan="2">56.</td></tr>
<tr><td colspan="2">17.</td><td>37.</td><td colspan="2">57.</td></tr>
<tr><td colspan="2">18.</td><td>38.</td><td colspan="2">58.</td></tr>
<tr><td colspan="2">19.</td><td>39.</td><td colspan="2">59.</td></tr>
<tr><td colspan="2">20.</td><td>40.</td><td colspan="2">60.</td></tr>
<tr><td>비 고</td><td colspan="4"></td></tr>
</table>

마인드 맵(mind map)을 국어사전에서는 '마음속에 지도를 그리듯이 줄거리를 이해하며 정리하는 방법'이라 설명하였고, 이창훈은 '좌·우뇌의 기능을 유기적으로 연결한 사고력 중심의 두뇌개발 프로그램으로 읽고 생각하고 분석하고 기억하는 그 모든 것들에 대해 빈 종이 위에 이미지와 핵심 단어 그리고 색과 부호를 사용하여 마음의 지도를 그려나가는 방법'이라 하였다.

박영택은 '마인드 맵은 Tony Buzan이 개발한 기법으로 자연스런 사고의 연상을 깨뜨리지 않으면서 떠오르는 아이디어들을 효과적으로 기록할 수 있도록 해준다. 간혹 어떤 문제에 대하여 창조적으로 사고하고 있을 때, 시간이 흐르거나 연속적인 사고의 연상이 진행되면서 그 사고한 내용의 일부는 잃어버리게 되고 재생하기가 어렵게 된다. 마인드 맵은 유기적으로 연결되는 일련의 생각을 훌륭하게 상기시켜준다. 마인드 맵은 개인적으로 아이디어를 창출하고 기록하기 위한 기법이다. 마인드 맵은 어휘 연상을 이용하는데 자기 자신의 사고 패턴이 어느 쪽으로 뻗어 나가든 그 패턴을 쉽게 따라가도록 해준다. 마인드 맵은 또한 창출된 아이디어를 효과적으로 기록하는 기능도 갖는다.'라고 하였다.

마인드 맵은 자유연상을 이용하여 아이디어를 창출하려 할 때나 아이디어를 기록하기 위한 방법으로 아이디어의 목록을 만드는 것에 대한 대안으로 사용할 때 사용된다. 그러나 마인드 맵을 처음 접했을 때 어떤 사람들은 이 기법이 대단히 유용하다고 느끼는 반면 어떤 사람들은 정형화된 구조가 없고, 마인드 맵의 프로세스가 요구하는 자발성을 갖기 어렵기 때문에 불편하다고 느낀다.

창의적 사고의 기초 단계인 마인드 맵의 진행절차는 다음과 같다.

[단계 1] 커다란 백지의 한 가운데 주제나 안건 또는 문제의 중심 어휘를 적어놓는다.

[단계 2] 중심 주제로부터 자유 연상을 시작한다.

[단계 3] 첫 번째 주제에서부터 시작하여 선을 그리고 이름을 붙인다. 적어놓은 생각의 꼬리를 물고 연상이 되는 것이 있으면 생각이 흐르는 대로 그 선에서 가지를 치고 이름을 붙인다.

[단계 4] 중간에 멈추지 말고, 한 아이디어가 떠오르면 새로운 선을 그리고 시작한다.

[단계 5] 이미 적어 놓은 것에 대하여 평가하거나 비판하지 않도록 주의한다. 머리에 떠오르는 아이디어는 모두 적는다.

[단계 6] 아이디어의 샘이 마르면 서로 관련된 아이디어들을 다른 색의 펜을 사용하여 연결한다.

제2장에서 다룬 토목환경공학의 영역을 마인드 맵으로 나타내면 다음과 같다.

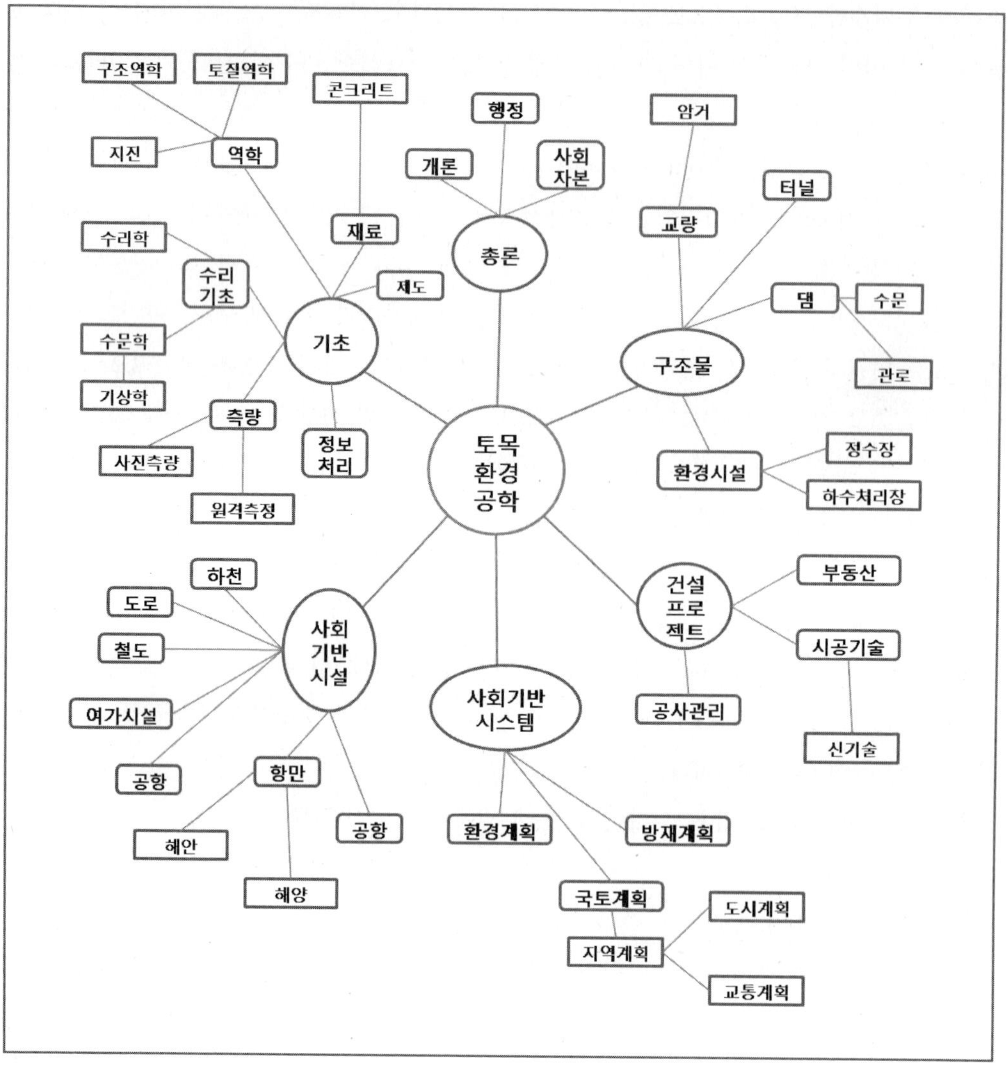

[그림 4-1] 토목환경공학 영역의 마인드 맵

건설공사에 있어서도 마인드 맵 개념을 활용하여 수행하고자 하는 대상 공사의 범위를 명확하게 결정하고 각 작업요소에 대한 작업분할체계(Work Breakdown Structure : WBS)를 정하고 이 작업을 담당할 조직분류체계(Organization Breakdown Structure : OBS)를 결정하고 이 양자를 상호 연계하여 운영하는 체계를 구축한다.

토목공사의 일부를 마인드 맵으로 표현하고 이것을 작업분할체계(WBS)로 나타내면 다음과 같다.

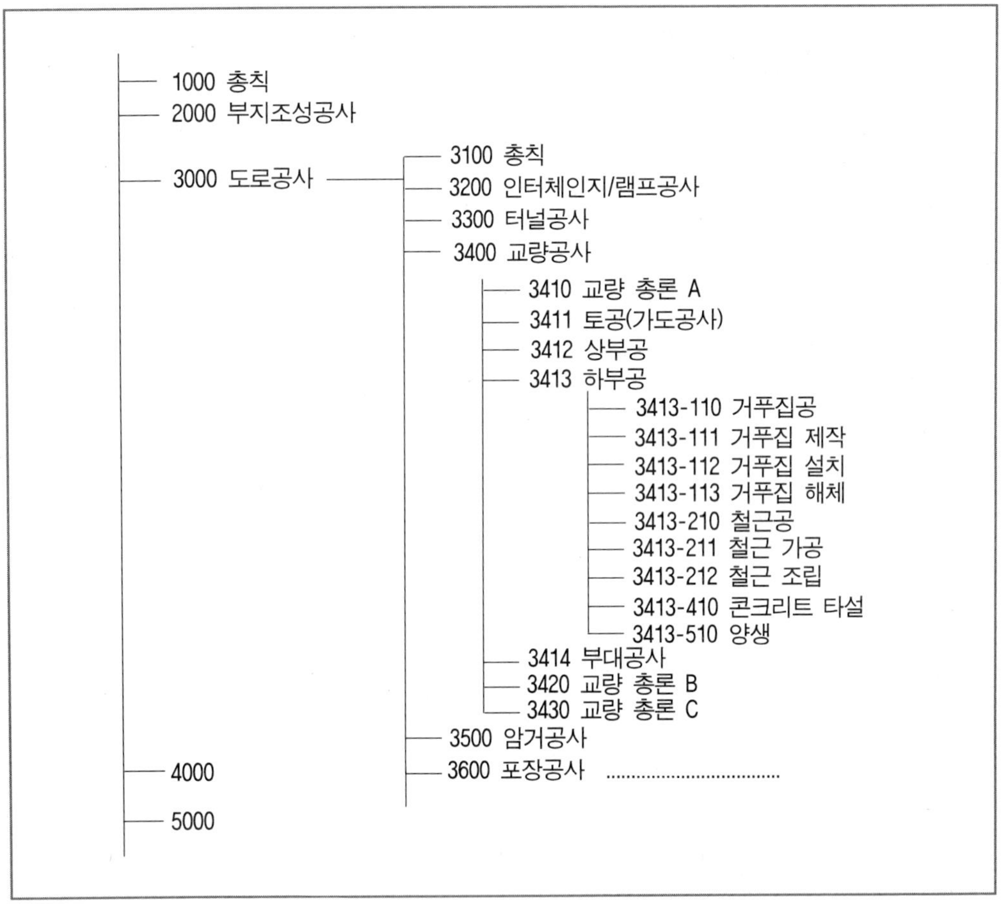

[그림 4-2] 토목공사 일부의 마인드 맵

[실습]

다음 용어에 대하여 마인드 맵으로 표현하여라.

(1) 대학 캠퍼스 (2) 대학생활 (3) 진로 (4) 교통수단 (5) 도시문제

PMI 기법(Plus Minus Interest)은 제안된 아이디어나 특정한 문제의 장점이나 긍정적인 면(Plus), 단점이나 부정적인 면(Minus), 흥미로운 점(Interest)을 각각 기록한 다음 이들 각각에 대한 나름대로의 판단에 의해 이익 되는 아이디어를 집중적으로 찾는데 용이한 기법이다. PMI의 의미를 구성원들에게 설명하고, 각 영역별로 아이디어를 생성해, PMI 결과를 발표하고 그 결과에 논의하는 순으로 진행한다.

'집에서 금붕어를 기르는 문제'에 대한 PMI 예시는 다음 표와 같다.

아이디어	집에서 금붕어를 길러본다.
P(Plus)	예쁜 물고기를 감상할 수 있다. 실내가 더 아름다워진다. 생물을 사랑하는 마음이 생긴다.
M(Minus)	관리에 힘이 든다. 관리를 잘못하면 냄새가 난다. 먹이, 전기 등 비용이 든다.
I(interest)	물고기의 먹이에 대한 관심이 생긴다. 가족들 사이에 금붕어 관리에 관한 역할 분담이 생긴다. 물고기를 가족처럼 대하는 마음이 생긴다.

[실습]

대학생활에 대한 어떤 아이디어에 대하여 PMI를 수행한 후 결과를 정리하라.

아이디어	
P(Plus)	
M(Minus)	
I(interest)	
결 과	

PMI 기법과 유사한 기법으로 확신이 서지 않거나 유보적인 아이디어에 대하여 긍정적인 면(Positive), 가능성이 있는 면(Possibilities), 염려스러운 면(Concern)으로 구분하여 보다 낳은 해결 방법을 찾는 PPC 기법이 있다.

경영 전략에서 산업 분석의 한 부분으로서 유사한 경쟁 방식과 전략적 포지션에 따라 그룹화된 경쟁 기업군을 분석하기 위해서 개발된 방법인 SWOT 분석도 창의성개발 기법에 이용되고 있다. SWOT 분석은 켄 앤드류즈(Ken Andrews)가 1971년에 기업의 자원 및 역량과 외부 환경간의 전략적 적합성(Strategic fit)을 개념화하는 과정에서 탄생했다. SWOT 분석은 외부 환경의 변화 속에서 그 기회(Opportunity)와 위협(Threat)을 찾아내고 기업 내부의 역량이라는 측면에서 강점(Strength)과 약점(Weakness)을 조합하여, 기업이 기회를 활용하기 위하여 강점을 이용하고 위협에 대항하여 약점을 방어하기 위한 방법에 대한 전략적 대안을 찾는 전략 사고를 촉진하는 프레임 워크를 제공한다고 할 수 있다. SWOT 분석의 가장 큰 장점은 도시발전 구상, 마케팅, 생산 및 판매 등 광범위한 적용 가능성에 있다고 할 것이다.

SWOT분석은 말로 하거나 문장으로 기술하여도 좋으나, 보다 명료하게 전체를 살펴보기 위하여 매트릭스(matrix)를 활용하는 것이 좋다. SWOT는 분석 대상자의 내부요인인 Strength(강점), Weakness(약점), 외부요인인 Opportunities(기회), Threats(위협)의 합성어이고, SWOT분석이란 SWOT를 이용하여 문제를 분석하는 것이다.

울산중장기발전계획(2003)의 도시기반 정비를 위한 SWOT 총괄표는 다음과 같다.

[표 4-2] 울산시 도시기반 분야 SWOT 총괄표

	강점(Strength)	약점(Weakness)
내부요인	· 도시와 농촌이 공존하는 넓은 행정구역과 도시발전의 가능성 · 남부 대도시권 교통요충지란 유리한 입지 · 산악, 해안 등 자연 활용공간 풍부 · 전국 최고의 1인당 지역총생산	· 부정적 도시 이미지 · 잦은 인구 이동으로 인한 정주의식 및 정체성 확립 곤란 · 산업 및 인구구성의 편중 · 교육, 의료 등 삶의 질 관련 도시기반시설의 미흡 · 급격한 산업성장으로 인한 비체계적 도시환경의 분포
	기회(Opportunity)	위협(Threat)
외부요인	· '삶의 질'에 대한 관심 고조 · 도시미관, 경관에 대한 이해와 관심 · 도시계획에 대한 민간 참여 증대 · 도시계획 관련 제도의 정비	· 수도권 집중으로 인한 상대적 낙후 · 정치적 논리에 의해 좌우되는 국토이용 및 개발 · 도시개발을 투기대상으로 보는 시민의식

[실습]

○○대학교 토목환경공학도로서의 "나"의 SWOT 분석표를 작성하라.

과제 : 토목환경공학도로서의 "나"의 SWOT 분석		성명:
	강점(Strength)	약점(Weakness)
내부요인		
	기회(Opportunity)	위협(Threat)
외부요인		
종합정리		

평가행렬법은 제안된 아이디어와 평가기준에 대한 행렬표를 만들어 그 기준을 기초로 하여 각 아이디어를 평가하는 방법이다. 평정 척도에 따라 실제 산출 가능한 수치(효과척도)를 계산하여 순위를 부여할 수도 있고, A(10점), B(8점), C(6점), D(4점), E(2점) 등 점수로도 부여할 수 있고, 점수에 가중치를 둘 수도 있다.

어떤 도로 노선 계획에 대해 4개의 안과 현상유지안(0안)이 있을 때 각 대안별 공사비용, 통행시간, 사고계수, 주택철거, 교통소음, 벌목숫자 등을 기준으로 순위별 평가 행렬표를 만든 다음의 예를 볼 수 있다. 이 표를 근거로 대안들을 평가할 수 있다.

[표 4-3] 도로계획 대안별 효과척도 및 순위 행렬표

기 준		대 안				
		0	1	2	3	4
효과척도	공사비용(10억원)	0	1.50	1.58	1.18	1.54
	통행시간(분)	8.9	3.5	7.6	7.6	4.0
	사고계수( )	4.0	1.2	3.5	2.5	0.6
	주택철거(동)	0	0	7	3	0
	교통소음(dBA)	73	70	73	73	70
	벌목숫자(100㎡)	없음	약간	약간	10	11
순위	공사비용	1	3	5	2	4
	통행시간	4	1	3	3	2
	사고계수	5	2	4	3	1
	주택철거	1	1	3	2	1
	교통소음	2	1	2	2	1
	벌목숫자	1	2	2	3	4

3) 팀워크

창의성이란 새로운 아이디어를 생각해 내는 특성으로, 이것이 개인의 스타일이나 개성 또는 자질보다도 그룹이나 팀과 연계될 때 보다 문제 해결 능력이 크다는 연구 결과가 많이 발표되었다. 한 사람의 머리에 의한 아이디어보다도 여러 사람의 적절한 논의를 거친

아이디어가 더 낫다는 것이다. 더 창의력 있는 성과를 내기 위해서는 팀(team)을 조직하고 활동함으로써 구성원들 개인적인 작업 성과를 합친 것 이상의 팀워크(teamwork)에 의해 더욱 상승효과를 낳는다. 효과적인 팀워크를 발휘하기 위해서는 팀 구성원들의 능력을 키울 뿐만 아니라 팀워크도 기술이 있는 만큼 이를 활용하여야 한다.

팀은 장점도 있지만 단점도 있어 장단점을 잘 알고 적절한 대응을 하면서 문제를 해결해야 한다. 팀의 장점으로 문제해결을 위해 더 많은 지식을 이용할 수 있다. 구성원들끼리 서로 긴밀히 협조할 때 더욱 창의적인 해결 방법이 도출되며, 어떤 특별한 문제에 대해 혁신적인 해결 방안을 찾을 수 있고, 구성원끼리 창안한 방안은 더욱 구성원들이 서로 배울 수 있고 또 기꺼이 받아들일 수 있고, 구성원들의 리더십 능력 개발을 촉진시킬 수 있는 것들이 있다.

그러나 팀이 갖는 단점도 있다. 팀원의 노력과 참여시간이 필요하고, 팀에 의해 창출된 아이디어는 그 중 소수만이 채택되어 효율이 낮고, 팀 구성원이 다른 구성원과 이질화될 수 있고, 팀이 지나친 동질감을 가질 때 독립적인 아이디어를 창출하지 못하는 '그룹 사고(思考)'에 빠질 수 있음 등이 단점으로 지적된다.

구성원들이 상호 협력하는 팀과 개인과 효율을 강조하는 집단(group)은 차이가 난다. 표 4-4는 팀과 집단을 비교한 것이다.

[표 4-4] 팀과 집단의 비교

팀(team)	집단(group)
· 리더 역할을 팀원들이 공유하고 순환시킨다.	· 임명직 책임자가 강력한 권한을 보유한다.
· 책임이 개인적인 것임과 동시에 상호적인 특성을 갖는다.	· 책임이나 작업 성과에서 개인을 강조한다.
· 의사결정 과정에 참여하며, 문제해결을 위한 회의를 장려한다. · 팀별로 토론해서 공유하면서 작업방법을 결정한다.	· 회의 진행에서 효율성을 강조하며, 획일성이 중요하게 여겨질 때가 많다.
· 구성원들은 자신의 의견을 자유롭게 표현하며 서로 신뢰한다.	· 다른 의견을 제시하거나 상급자의 제안된 안에 동의하지 않으면 비협조적인 것으로 간주한다.
· 자신의 재능과 지식을 팀의 목표에 일치시켜 팀 성공에 기여한다. · 개선을 위한 제안을 장려한다.	· 해야 할 일에 대한 지시만을 받는다.

자료 : 이 경우 외(2007), 공학문제 해결입문, 시그마프레스, p.18

우리는 팀의 구성원이 되었을 때 우리 스스로에게 소속된 팀에서 어떤 생산적인 역할을 할 것인가를 생각하면서 참여해야 할 것이다. Katzenbach와 Smith(1993)는 팀원 한 사람 한 사람의 각오와 역할이 어떤가에 따라서 팀의 형태가 그림 4-3과 같이 위선적인(Pseudo) 팀, 잠재력을 가진(Potential) 전통적인 팀, 진실된(Real) 협력적인 팀, 고도화로 협력적인 (High-performing) 팀으로 분류된다고 하였다.

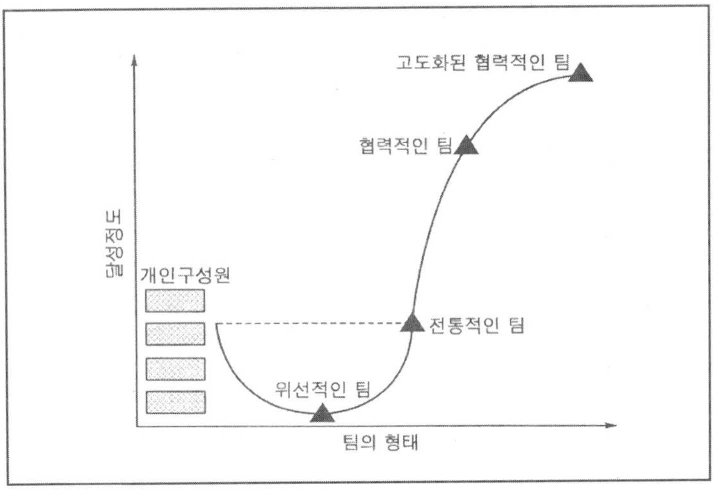

[그림 4-3] 달성 정도에 따른 팀의 분류

위선적인 팀은 평균 구성원들의 수준 이하로 과업을 수행하며, 전통적인 팀은 평균 구성원들의 수준보다 약간 위인 수준이며, 협력적인 팀은 일을 매우 잘 수행한다. 그리고 고도화로 협력적인 아주 팀은 높은 수준까지 일을 수행하는데 이러한 팀은 매우 기대하기 어렵다. 협력적인 팀의 팀원에게는 서로 협력하여 과업을 수행하도록 되어 있고 팀 구성원들의 노력이 과업의 성공을 이룸을 알고 있다.

협력적인 팀이 되기 위해서는 팀원들이 스스로 활동규칙을 작성하고 구성원들이 이 규칙을 따를 필요가 있다. 팀 구성원들 끼리 생길 수 있는 갈등을 피하기 위해서라도 활동규칙을 더욱 명확하게 할 필요가 있다. 그리고 과업이 진행되면서 필요에 따라 활동규칙을 보완하거나 수정할 필요도 있다.

활동규칙에는 팀장, 기록자, 진행 관찰자 등의 지정, 구성원 임무의 교대, 팀 회의 출결에 대한 사항, 개인별 과제 할당과 과업 불충실자에 대한 조치, 의사 합의 방법의 결정, 상호 신뢰를 높이는 방안 등의 사항을 포함시킨다.

본 강좌 수강생들을 적절히 몇 개 팀으로 구성하고 각 팀의 활동규칙을 다음 양식과 같이 작성해 본다.

<table>
<tr><th colspan="2">토목환경 창의공학 A팀 활동규칙 (1)</th></tr>
<tr><td>팀 명단</td><td>o 감독관 :   o 팀장 :
o 총무 :   o 서기 :
o 팀원 :</td></tr>
<tr><td colspan="2">우리 팀 각자는 아래 활동규칙(1)을 지킬 것을 동의한다.

1. 서로 존중하고 예의를 갖추면서 협력하여 과제를 수행한다.

2. 할당된 과제를 정해진 시간 안에 각기 성실히 작성하여 제출한다.

3. 서로 다른 의견이 있을 때는 충분히 토론하며, 합의된 결정을 존중한다.

4. 팀 자체 평가에 양심적으로 참여하며 그 결과를 존중한다.

5. 상점 및 벌점 부여 기준을 다음과 같이 정한다.

....
6.

7.

200 년   월   일
서명자 :</td></tr>
</table>

과업을 진행하면서 팀장 책임으로 기록자가 회의 보고서를 작성한다. 보고서에는 모임 날짜와 시각, 참석자, 금번 안건, 모임 결과, 차기 안건, 차기 모임 전에 해야 할 사항 등을 기록 서명하고 관찰자와 팀장이 확인 서명한다. 회의가 시작되면 관찰자는 지난 보고서를 요약해 보고한다. 다음은 팀 회의보고서 양식의 예이다.

토목환경 창의공학 A팀 보고서(1)	
개 요	· 지도교수 : 이름 메일주소 · 회의일시 : · 참석자 :
금번 안건	1. 2. 3.
회의 결과	1. 2. 3. 4.
차기 안건	1. 2.
차기모임 준비사항	1. 2.
서 명	기록자 : 관찰자 : 지도교수 : 팀장 :

팀이 수행한 과업의 성과품에 대해서 주어진 과제를 팀 구성원들이 협력적으로 활동하여 성공적으로 수해하였는가를 평가할 필요가 있다. 이 평가는 팀 구성원들의 점수를 주는 의미도 있지만 앞으로 보다 진전된 과업수행을 위해서도 필요하다. 평가는 지도교수가 평소에 팀 활동을 관찰하고 보고서를 보면서도 평가해야 하겠지만 팀원들이 스스로 자기 및

동료들을 평가하는 것도 매우 의미 있는 일이다.

팀을 평가하는 방법은 여러 가지가 있겠지만 이경우 등이 제시한 아래 표와 같은 방법을 참고하여 팀 스스로 수정 보완하는 방법이 있을 것이다. 평가 방법에 대한 사항도 팀 적절한 시점에 활동규칙에 포함되어야 할 것이다.

[표 4-5] 팀 공헌도 자체평가표 및 팀원 공헌도 상대평가표(예)

팀 공헌도 자체평가표			
- 팀 내에서 자기 자신의 참여도 -	거의 없음	보통	생산적
나는 토론 참여와 맡은 임무 수행에 적극적으로 참여	0	1	2
최선을 다해서 나의 능력과 기술을 팀에 투입	0	1	2
의사소통에 능숙하며, 다른 팀원 하는 말에 경청	0	1	2
협동심이 풍부하며 팀 내 갈등을 해소하려고 애씀	0	1	2
팀에 보탬이 되도록 노력하며, 내 고집을 주장 않음	0	1	2
나보다 능력이 부족한 다른 팀원 도와주는데 앞장선다.	0	1	2

팀원 공헌도 상대평가표						
팀원＼항목	작업의 질 (0.25)	창의력 (0.15)	참여태도 (0.20)	시간엄수 (0.25)	실용성 (0.15)	최종점수*
김 oo						
이 oo						
박 oo						
정 oo						
합 계						
* 최종점수 = (팀원 수) × (항목별 점수 × 해당 가중치)의 합계						

[실습]

각 팀의 팀 공헌도 자체평가표와 팀원 공헌도 상대평가표를 작성하라.

5 창의적 문제해결 절차

1) 개념설계와 계획

공업제품은 시장분석이나 고객의 요구에 의해 설계가 시작되며, 사회간접자본 시설물은 국가나 지방자치단체 정책결정이나 주민들의 요구로 해결책을 모색하게 된다. 공업제품의 생산이나 공공시설물 건설의 초기 단계에 어떤 일을 할 것인가를 결정하기 위한 문제의 정의가 이루어지고 그기에 맞는 가능성 있는 다양한 해법을 생각하는 개념설계(conceptual design)라 할 수 있고 이 과정에 계획 활동(planning activity)이 중요한 역할을 한다.

황용주는 초기 산업사회를 넘어선 나라들은 산업사회를 거쳐 탈공업사회(post-industrial society)로 그 구조적 발전을 계속하며, 탈공업사회는 노동집약산업에서 지식산업 또는 정보산업으로 넘어가게 된다면서, 이러한 발전과정에서 대두되는 사회현상으로 복합사회(pluralistic society)와 통제사회(controlled society)를 들었다. 복잡한 사회구조에서 생산되는 다양한 활동에 질서를 부여하고 효율성을 높이기 위하여 양자 모두 계획을 미리 세우고 행하고 있다면서, 복합사회의 경우 개인의 의사결정 과정이나 집단의 정책결정 과정에서 이해집단의 자율성을 최대한 보장하는데 반해, 통제사회의 경우는 이러한 자율성이 제도적으로 배제된다고 하였다.

산업사회의 특성을 노동의 분업(division of labor)이라면, 탈공업사회 또는 고도산업사회는 수많은 노동의 분업(협업 ; team-work)을 뜻한다. 협업을 위하여서는 조직(organization)이 필요하게 되고, 이는 업종간과 계층 사이의 정보소통이 원활하고 신속하게 이루어 질 수 있게 관리하는 체제라야 한다. 여러 활동이 일어나는 과정에서 행위에 옮기기 전에 사안을 미리 따져보고 확인하고 기능과 계층 사이에 협의하고 조정하는 과정(process)이 필요한데, 이 같은 작업 활동을 계획 활동(planning activity)이라 한다. 계획의 수준이나 범위에 대해 K. Mannheim 교수는 그 사회가 가지고 있는 지식수준과 관리능력 이상을 기대할 수가 없다고 주장하였다.

황용주는 사람이나 단체가 무엇을 결정함에 있어서 우발적(ad-hoc)으로 판단하지 않고 합리적으로 판단하기 위한 일반적 행위를 체계있게 전문적으로 발전시킨 것이 계획이론(planning theory)이면서, 이러한 이론의 바탕에서 계획 개념을 다음과 같이 요약하였다.

· 계획이란 인간이 합리적으로 추구하는 데서 비롯된 것이다. 그러나 인간은 본원적으로 비합리성을 지니고 있어 양면성의 갈등 속에서 의사결정을 하게 되며, 따라서 이론적인 최적(optimum)이 결과에서는 상당한 차이가 흔히 나타난다.
· 인간은 진리(truth)를 인식하는 능력에 한계를 지니고 있을 뿐만 아니라 개인마다 사고의 선호도도 다르다. 특히 자연의 현상을 이해하는 자연과학 분야보다 사회과학 분야의 진리를 이해하는 데는 더욱 한계가 있다.
· 계획은 그 자체가 아무런 가치나 효용성(utility)을 갖지 못한다. 즉 계획을 마련했다는 사실만으로 문제의 해결을 얻을 수 없다.
· 계획은 미지의 사실을 다루는 분야이다. 그렇기 때문에 계획의 기본 기능은 미지의 사실을 인식하려는 노력의 과정(process)이다.
· 계획은 인간이 필요에 따라 동기(motivation)를 부여하고 따라서 내용, 범위, 기능 등은 계획을 세우고 집행하는 주체에 따라 결정된다.

무릇 계획이란 개인이나 단체가 현실문제 또는 앞으로 하고자 하는 '일 또는 대상'에 대한 구체성을 알아내어 해결방안을 찾아내거나 예상되는 문제 등을 미리 따져 보는 작업이다. 여기서 예상되는 문제란 하고자 하는 '행위' 또는 행위로 옮겨가는 '과정'에서 따라가야 할 순서(priority)와 일어날 수 있는 사고 등을 의미하며, 계획은 이 같은 점을 미리 파악하여 대책을 세우는 작업 활동이다.

황용주는 계획의 개념을 개인에 대해서 말하면 의사결정론(decision making theory)으로 정의된다고 하였다. 의사결정이란 어느 사안을 결정함에 있어서 누가, 무엇을, 왜, 언제,

어디서, 어떻게 하겠는가 하는 6하 원칙에서 문제를 일단 검토한 후 행동에 착수하기 위한 사전적 준비행위이다. 또한 의사결정에 앞서서 여러 가지 정보가 필요하다. 이같이 문제 제기와 분석 그리고 방안 마련의 작업이 계획 작업으로, 그 작업과정을 설명한 것을 계획안 또는 계획서라 한다.

의사결정 과정은 계획을 단계적으로 성숙시켜 가는 과정이며, 일반적으로 문제의 제기 → 목표 수준의 설정 → 해결책의 발견 → 결과의 발견 → 대안의 서술 → 대안의 상호평가 → 대안의 선택 → 선택안 서술의 과정으로 나타낼 수 있다. 이 과정에서 목표 설정과 대안 선택의 과정은 인위적인 발상·분석·판단의 중심이 되나, 해결책 강구, 대안의 서술과 평가 과정은 여러 가지 정보의 검토가 주가 되고 계획 결정 작업 중 많은 시간과 노력이 필요하다.

개인이나 단체가 계획을 세워 개인 의사나 단체 의사를 결정함에 있어서 아무리 자유로운 입장이나 사회적 조건이 있다 하더라도 반드시 문제해결을 위한 만족한 조건을 찾아내는 데는 인간 자체가 가지는 한계성이 있다. 인간의 지적 역량의 한계성, 자신 개인의 지식 한계성, 정보수집과 분석을 위한 시간과 비용의 한계성, 현실(fact)과 가치(value) 사이에 내재하는 갈등 조정, 필요한 정보의 접근 한계성, 문제해결의 대안 도출(diversity) 한계성 등이 그것이다. 이 같은 한계의 보완 방법으로 언제나 대안을 동시에 마련하는 것이다. 집행과정에서 대안이 없을 때는 집행안이 도중에 실패할 경우 대안 작성에 필요한 시간적 여유가 없어서 목적 달성을 포기하는 사태가 발생하게 된다.

계획은 개인이나 집단이 하고자 하는 '일'의 성격, 내용, 시간, 비용, 분량 등을 정성적이고 정량적(qualitative & quanitative)으로 미리 알아내어 방안을 결정하기 위한 사전적 작업 행위이다. 정성적 분석은 문제의 내실을 파악하기 위한 조사분석으로 사회과학적 지식을 원용하므로 일반적으로 통계적 방법을 활용한다. 정량적 분석은 실질적인 물질에 대한 자연과학 분야의 지식을 원용한다.

계획에서 목표(goal)나 목적(objective)을 세우는 일이 상위 업무로서 중요하며, 목적달성을 위해서 가장 합당한 수단(mean)을 찾아내는 작업이 계획 업무의 핵심적 과제이다. 이론적 배경을 기초로 사실적으로 계획안을 작성하고 정책집행의 전략이나 기업운영의 수단(방법)을 찾아내는 과정인 계획수립 과정(planning process)은 문제파악(problem diagnosis), 목표설정(goal articulation), 예정 및 예측분석(prediction and projection), 대안작성(alternative plan), 타당성 분석(feasibility analysis), 평가(evaluation), 최종안의 선택과 집행의 단계를 거친다.

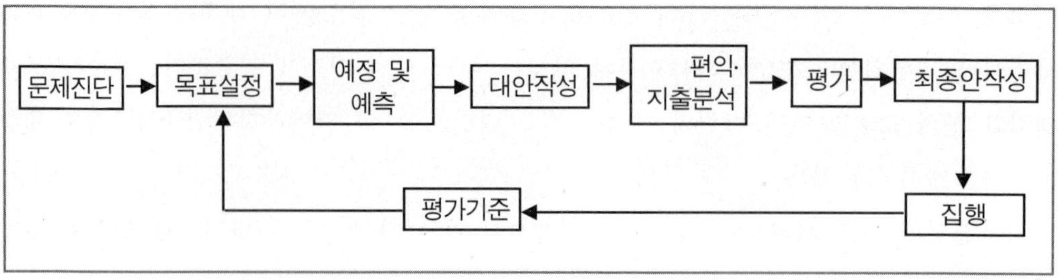

[그림 5-1] 계획수립 과정

계획은 생각하고 창의력이 있는 인간만이 할 수 있는 것이다. 인간의 사고를 돕는 강력한 도구를 은유적으로 표현한 말이 '지능 모델'이다. 모든 과업수행에 대해서 창의력, 문제해결, 의사소통, 팀워크, 학습, 정보관리 등의 활동을 지지해주는 중요한 역할을 하는 것이 인간의 지능 모델이다. Ned Herrmann은 허만 두뇌우성 분석도구(Herrmann Brain Dominance Instrument : HBDI)란 방법을 개발하여 인간의 사고 선호도를 왼쪽 두뇌가 우성인 A/B사분면 사고와 오른쪽 두뇌가 우성인 C/D사분면 사고의 4가지로 진단하고 계획과 설계에 대해 설명하였다.

A사분면 사고를 가진 사람(분석자)은 사실적, 해석적, 정량적, 기술적, 논리적, 이상적, 비판적, 물질적, 학구적, 권위적, 성과 위주형 성취 지향적이다. 학교에서 대수학, 미적분학, 회계학, 과학, 공학, 기술과목을 선호하고, 엔지니어, 과학자, 기술자, 법률가, 은행가, 외과의사 직업을 선호한다. B사분면 사고를 가진 사람(관리자)은 계획적, 보수적, 순차적, 지배적, 위험 회피적, 관료적, 작업 주도형 성취 지향적이고, 계획 입안자, 관료, 관리자, 경리관 등을 선호한다.

C사분면 사고를 가진 사람(협동자)은 감각적, 감성적, 상징적, 인간적, 협동적, 가치주도형 느낌 지향적이고, 간호원, 사회사업가, 교육자, 조련사, 보육사, 상담가, 음악가 등을 선호한다. D사분면 사고를 가진 사람(합성가)은 시각적, 총체적, 혁신적, 은유적, 창의적, 통합적, 개념적, 공간적, 직관적, 탐험적, 사업적, 미래지향적이고, 사업가, 탐험가, 예술가, 극작가, 화가, 조각가, 건축가 등을 선호한다.

화가 피카소, 과학자 레오나르드 다 빈치, 아인슈타인은 D사분면 사고를 가진 사람인데 두 영역이 우성인 사람도 있다. 아리스토텔레스, 헨리 포드, 마거릿 대처는 A+B, 테레사 수녀, 수잔 안소니는 B+C, 세익스피어, 모차르트는 C+D, 갈릴레오, 퀴리 부인은 D+A, 사담 후세인은 B+D가 결합된 사고를 가진 사람이다. 공과대학 졸업생들은 졸업 후 엔지니어로 취업하는 A사고형인데, 점점 경력이 쌓이면 경영이나 품질관리가 필요한 B사고형, 판매나 교육훈련, 고객관리가 필요한 C사고형, 또는 사업가나 발명가가 될 D사고형으로 되어야만 그 직책을 잘 수행할 수 있다.

인간은 벤자민 플랭클린, 윈스턴 처칠, 알버트 슈바이처, 토마스 제퍼슨과 같이 균형적으로 4가지 총뇌 사고 선호도를 가진 사람도 있지만 대부분의 사람은 한 가지 사고 선호도를 가졌다. 따라서 종합적 균형적 계획을 수립하고 제품을 설계하고 공공시설을 건설하기 위해서는 구성원들이 훌륭한 팀워크를 만든 총뇌 접근법의 필요가 무엇보다도 강조된다. 공과대학의 다른 전공분야 보다도 앞에서 다룬 토목환경공학의 영역과 새교육프로그램을 생각해 볼 때 토목환경공학도에게는 단편적인 설계자나 시공기술자를 뛰어넘어 훌륭한 계획가와 직업인이 되기 위해서는 총뇌 접근 방식이 특히 필요하다.

2) 제품의 체계적 설계과정

공학이 과학 등 다른 학문과 크게 차이 나는 특징으로 제품을 개발하는 공학적 설계과정이 있다는 것이다. 기계제품, 전기제품, 전자제품 등과 같은 제품의 설계과정은 시장분석이나 고객의 요구에 의해 시작되고 개념설계(conceptual design)를 거쳐 제품설계(product design)로 발전하여 시제품(prototype)을 제작하고 시험을 거쳐 생산 준비를 거친다. 개념설계 과정에서 스케치, 브레인스토밍, 특허와 문헌의 조사, 컴퓨터 시뮬레이션 등을 통하고 창의성을 발휘하여 설계사양을 만족하는 토대를 거치게 된다.

Thompson(1997)은 설계과정을 종이비행기 만들기의 예로서 그림으로 설명하고 있다.

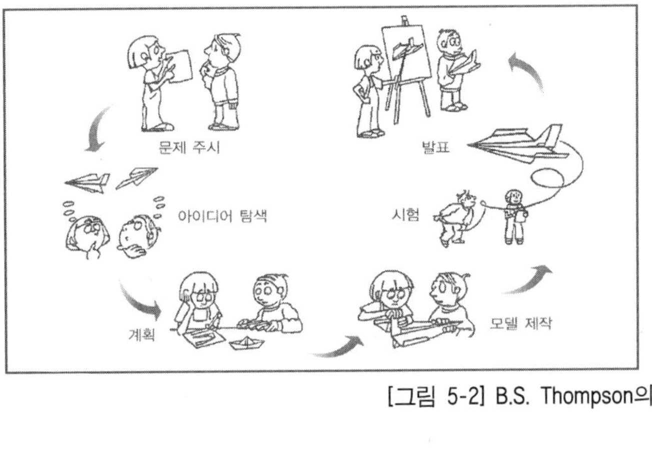

[그림 5-2] B.S. Thompson의 종이비행기 설계

그림에서 왼쪽 그림 3개는 비행기가 어떤 일을 할 것인가를 결정하기 위한 문제의 정의가 이루어지고 그기에 맞는 가능성 있는 다양한 해법을 생각하는 개념설계 단계를 묘사하고, 오른쪽 그림 3개는 개발에 가장 적합한 것을 선정하기 위하여 이 다양한 개념들을 분석하고 평가하는 제품설계 단계를 나타낸다. 이러한 개발과정에서 선택된 개념이 상세 계획으로 바뀌어 제품을 생산한다. 설계가 완성되기 직전의 마지막 제품설계 단계에서 시제품을 제작하고 시험하며 이 시제품을 만듦으로서 설계가 완전하게 평가받게 된다. 제품이 생산되기 전에 설계 사양의 조건과 비교하고 이 과정을 반복하면서 설계과정을 종료한다.

Thompson은 이러한 단계를 그림과 같은 순서도로 제시하였고, 각각의 단계는 이전 단계들과 피드백 루프(feedback loop)로 연계되어 있다.

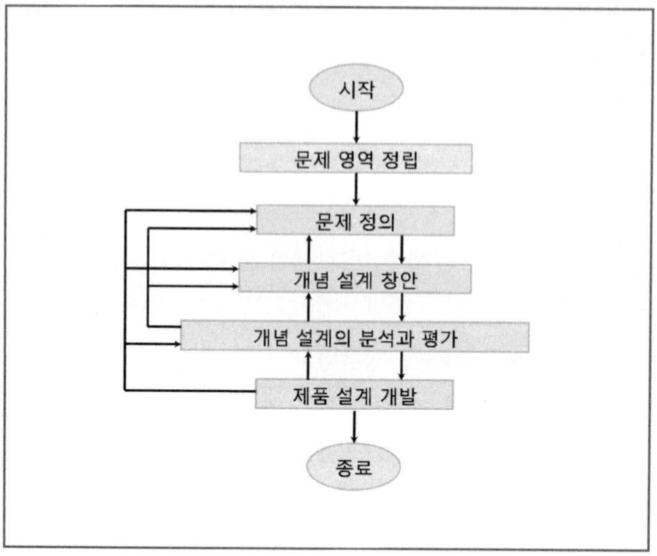

[그림 5-3] Thompson의 체계적 설계과정

그런데 위의 제품 설계의 예에서 보인 것과는 달리 토목환경공학의 학문적 바탕을 둔 사회간접자본시설(SOC)을 계획하고 설계함에 있어서는 그 설계과정이 크게 차이가 난다. 넓은 의미를 내포하는 SOC를 구성하는 개별 구조물(교량, 암거, 옹벽, 터널, 제방, 댐, 탑, 탱크, 수문, 관로 등)의 설계과정은 기존의 방식을 개선하면서 설계하거나 보다 미적이고 창의적인 구조물을 공업제품의 체계적인 설계과정을 적용하면서 수행할 수 있을 것이다. 그러나 사회간접자본시설이 큰 시스템으로 계획될 때는 국가나 지역사회에 미치는 영향이 지대하고 또 많은 예산이 투입되어야 하기 때문에 적절한 정책과정(policy process)을 거쳐서 계획되고 설계되고 시공되고 운영되어야 한다.

31) 사회간접자본시설 정책과정

대부분의 사회간접자본시설은 일련의 정책과정을 통하여 계획되고 건설된다. 정책과정이란 정책이 형성되고, 집행되고, 평가되는 과정을 말하며, 학자에 따라서 정책과정을 보는 시각이 다르며 강조되는 부분도 다르다. 유훈·김지원은 정책과정을 다음 그림과 같이 정책문제의 정의, 정책대안의 탐색, 정책대안의 선택, 정책의 집행, 정책의 평가 등 5단계로 보고, 그 중에서 앞의 3자 즉 정책문제의 정의, 정책대안의 탐색, 정책대안의 선택을 정책 형성이라 하여 중시하고 분석적 측면을 강조하였다.

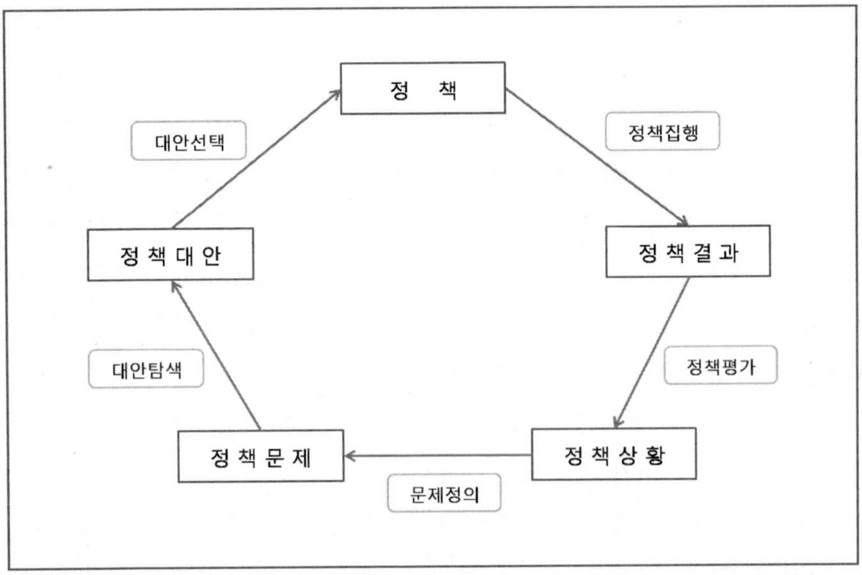

[그림 5-4] 5단계 정책과정

그림은 순환적이기는 하지만 단일 방향적으로 표시된 것처럼 보여 적절한 견해를 반영함에는 미흡하다. 그림에는 표시되지 않았으나 각 단계의 활동은 다른 단계의 활동과 상호

영향을 주고받으며, 산출된 정보들도 서로 밀접한 관계에 있다.

정책문제의 정의는 정책의제 설정, 정책문제 정의, 정책목표 설정을 모두 포함하는 과정이며, 정책대안의 탐색은 정책결과 예측을 포함하는 과정이며, 정책대안의 선택은 정책대안을 비교하고 평가하는 것을 수반한다. 정책의 집행은 권위 있게 결정된 정책내용을 실천하는 과정이라 할 수 있고, 정책의 평가는 정책을 집행함으로써 나온 결과(효과)를 당초에 설정된 목표에 비추어 평가하는 것이다.

정책참여자로서, 공식적 참여자로 행정수반, 입법부, 공무원, 사법부, 지방자치단체가 있고, 비공식적 참여자로 이익집단(interest group), 정당, 일반시민, 외부전문가가 있다. 다원적 사회에서는 간접적이나마 대중이 정책결정에 영향력을 행사할 있다고 보며 가장 효과적인 장치가 선거이다. 정책과정에 전문가의 활용이 필요한 이유로, 특수한 전문성의 필요, 객관성의 확보, 공무원채용의 제한, 관료제의 팽창억제 등을 들 수 있다.

유훈·김지원은 정책의제는 일반적으로 사회문제, 사회적 이슈, 공중의제, 정책의제의 설정 과정을 거친다 하였다. 어떤 사회를 막론하고 사회문제의 수는 정부의 처리능력을 훨씬 초과하고 있으며, 어떤 개인적이거나 개별적인 문제가 많은 사람들에 의해 공유될 때 이것을 사회문제(social problem)라 한다. 개인적인 문제가 사회문제로 되고, 그 문제의 정의나 해결방안에 관하여 논란이 벌어지게 되는데, 이렇게 논란이 벌어지는 문제를 사회적 이슈(social issue)라 한다. 사회적 이슈가 일반 대중에 의하여 해결되어야 할 문제로 인식되면 공중의제(public agenda)라 한다. 공중의제 중에서 정부가 적극적으로 검토하기로 결정한 문제가 정책의제(policy agenda)이다. 이와 같이 사회의 많은 사람들이 해결을 요구하는 문제들 중에서 일부가 정부에 의해 수용되어 정책의제로 채택되는 과정을 정책의제설정(agenda setting)이라 한다.

이 4가지를 거치는 의제설정의 과정을 아이스톤(R. Eyestone)의 표준적인 의제설정 과정이라 하고 일부가 생략된 변형된 의제설정 과정도 있다. 제1변형은 여러 가지 여건에 의해서 사회문제가 논란을 거치지 않고 일반 대중에게 인식되고 그 문제의 해결을 위해서는 정부의 조치가 필요하다는 공감대가 광범위하게 형성되는 경우가 있다. 이렇게 일반의 주목을 받는 공중의제가 정부당국에 의해 정책의제로 채택되는 경우가 바로 이 유형에 속한다. '성수대교 붕괴'란 충격적인 사건이 나자, 문제의 성격이나 해결방안에 대한 논란이 벌어지기도 전에 구조물의 보수와 유지관리에 대한 문제가 공중의제로 등장하게 되었다. 제2변형과 제3변형은 후진국이나 개발도상국에서 흔히 볼 수 있는데, 정치지도자나 정책결정자가 별 논의도 없이 정책의제로 채택되는 경우이다.

주도집단과 의제설정과정으로는 외부주도형, 동원형, 내부접근형이 있다. 정부 밖에 있는 민간집단에 의해 이슈가 제기되고 그것이 확산되어 공중의제로 전환되고 결국 정책의제로 채택되는 과정인 외부주도형(outside initiative model), 외부주도형과는 반대로 정부내의 정책 결정자들에 의하여 정책의제가 채택되는 과정을 설명하는 모형인 동원형(mobilization model), 정부 내의 관료집단이나 정책 결정자들에게 쉽게 접근할 수 있는 특정한 외부집단에 의해 주도되는 과정을 설명하는 모형인 내부접근형(inside access model)이 있다. 내부접근형은 주도집단이 정부 밖에 있는 외부집단이지만 외부주도형과는 달리 공론화를 거치기를 원하지 않는다는 점에서 '음모형'이라고도 한다.

정책은 기술적, 경제적, 법적, 사회적, 실질적 합리성 등의 유형을 통해서 결정된다. 기술적 합리성(technical rationality)은 정책문제를 해결할 수 있는 여러 가지 대안들을 비교하여 가장 효과적인(effective) 대안을 선택하는 것을 말한다. 예를 들어 차륜식 고속철도를 건설할 것인가? 자기부상식 고속전철을 건설할 것인가를 선택할 때, 기술적 합리성이 관련될 수 있다. 경제적 합리성(economic rationality)은 정책문제를 해결할 수 있는 여러 대안들을 비교하여 가장 능률적인(efficient) 대안을 선택하는 것을 뜻한다. 예를 들어 고속철도 비교노선 중에서 총비용에 비하여 총편익이 가장 큰 것을 택한다. 법적 합리성(legal rationality)은 여러 가지 대안들을 비교하는 과정에서 확립된 법률, 규칙, 선례 등에 합치하는 대안을 선택하는 것을 뜻한다. 예를 들어 고속철도 노선 선정에 있어서 환경 관련법, 문화재 관련법 등에 가장 합리적인 것을 택한다. 사회적 합리성(social rationality)은 가치 있는 사회제도의 유지 및 개선에 이바지하는 대안을 선택하는 것을 뜻한다. 예를 들어 고속철도 정차역의 선정에 있어서 국토의 균형개발과 국민의 편익에 기여하면서 고속철도 본래의 취지를 살리는 안을 찾는다. 실질적 합리성(substantive rationality)은 주어진 상황에서 여러 가지 형태의 합리성을 고려하여 실제로 가장 적절한 대안을 선택하는 것을 뜻한다. 예를 들어 경제적 합리성과 제원의 한계로 한꺼번에 공사를 시행하지 못하고 공구를 나누어 시차를 두고 시공하는 경우를 들 수 있다.

그리고, 정책결정의 이론모형으로 크게 체계화되고 비교적 많이 사용되는 모형으로 합리모형, 만족모형, 점증주의, 혼합탐사모형 등이 있다. 합리모형은 합리적으로 의사결정을 하기 위해서 의사결정자가 적절한 분석적 절차를 밟아서 최선의 대안을 선택하는 모형이다. 만족모형(satisficing model)은 최선의 대안선택이란 것이 근본적으로 불가능하다고 보고, 그 정도면 만족한다 혹은 충분하다고 하는 대안을 선택하게 된다는 모형이며, 점증주의(incrementalism)는 기존정책에서 획기적으로 벗어나는 정책대안을 찾는 것이 아니라 조금

씩 기존정책을 수정·보완해 나가는 수준에서 정책결정을 하는 계속적인 정책결정을 함축하고 있다. 혼합탐사모형(mixed-scanning model)은 합리모형과 점증주의 양자의 장점을 살리고 단점을 보완한 모형이다. 내용이 체계화되지 않고 사용 빈도가 낮은 모형으로 정책결정을 하나의 게임으로 간주하고 이 정치게임에 승리하기 위한 정치적 모형과 체계적으로 정책을 선택하는 것이 아니고 쓰레기통속의 쓰레기처럼 뒤죽박죽 하다가 우연히 결정되는 쓰레기통 모형 등이 있다.

사회간접자본시설은 일반적으로 문제정의(상황파악), 목표설정(문제규명), 대안탐색(해결책탐색), 결과예측(결과분석), 비교·평가(대안평가), 대안선택(사업안선택)의 합리적 절차를 거쳐 계획하고 사업계획을 구체화하고 건설한다. 이 절차들은 상호 연계되어 있어 한 단계의 과정에서 획득한 정보는 최종결정에 이르는 노력이 연속되도록 전 단계나 또는 다음 단계에 도움을 줄 수 있어야 한다. 교통노선 계획을 예로 이 단계를 설명하면 다음과 같다.

상황파악(situation definition)은 계획과정의 맨 첫 단계로 교통개선의 필요성을 인지하도록 현재 상황을 이해하는 데 필요한 모든 활동을 포함한다. 이 단계에서는 현 상황을 초래하고 있는 기본요소들의 파악, 조사될 시스템의 범위 설정, 현 시스템의 분석 및 그에 대한 특성 설명이 이루어진다. 또한 주변 지역과 주민 및 그들의 통행습관 등에 관한 정보가 조사되고, 현 상황과 관련한 기존 보고서와 연구결과들이 검토된다.

문제규명(problem definition) 단계에서는 사업계획으로 달성할 목표의 설정에 따른 문제를 묘사하고, 그 목표들을 계량화할 수 있는 기준으로 환산한다. 일반적인 목표는 교통 혼잡의 감소, 안전성의 증진, 이용자 편익의 극대화 등이 있으며, 제안된 교통사업이 설정된 목표에 어느 정도 효과적으로 부응하는지 나타내는 것이 효과척도이다. 이때 계획가는 제안되고 있는 사업안의 제약조건과 그 결과에 대한 고려사항을 알고 있어야 한다.

해결책 모색(search of solutions) 단계에서는 문제의 해결책이 될 수 있는 여러가지 대안들이 검토되고 평가되는 자유토론 단계이다. 이러한 대안들 중에는 여러 유형의 교통기술과 차량, 여러가지 시스템이나 체계의 배치, 다양한 방법의 운영 등이 있다. 그리고 이 단계에서는 가장 실행가능성이 높은 대안들로 선택의 범위를 좁힐 수 있도록 하는 간단한 예비분석이 필요하다. 또한 대안들의 실용성과 집행가능성을 결정하기 위하여 이 단계에서는 자료획득, 현장검증 및 비용추정이 필요할 수도 있다.

성과분석(analysis for performance)은 제안된 각 대안이 현재와 장래에 어떻게 잘 집행될 것인가를 추정하는 단계이다. 통행수요를 예측하고, 교통사업을 집행하기 위한 투자비용과 유지관리 및 운영을 위한 연간 비용을 결정한다. 교통시스템을 이용하게 될 승객 수나 차

량대수가 결정되고, 이것을 사업안 작성의 근거로 이용한다. 통행 길이, 하루 중 시간대별 통행변화, 차량 점유율과 같은 시스템 사용에 관한 정보도 결정되며, 이것은 효과척도에 따라 사용자 편익을 계산하는 데 이용된다. 소음과 대기오염 수준, 필요한 토지면적 등 그 밖의 교통사업의 효과도 필요할 경우 추정된다.

대안평가(evaluation of alternatives)는 각 대안이 평가기준이나 효과척도에 대해 사업안의 목적을 얼마나 잘 달성하는지를 결정하는 단계이다. 성과분석 단계에서 도출된 성과자료는 사업안이 채택될 경우 발생하게 될 편익과 비용을 계산하기 위하여 사용된다. 이러한 결과를 단일 기준인 화폐가치로 나타낼 수 없을 경우에는 각 대안들에 대하여 가중치를 두고 서로 비교한다. 사업안이 경제적인 투자임을 보여 주기 위하여 비용-편익분석법 등 평가방법이 적용될 수도 있다. 정책대안의 평가기준으로는 효과성, 능률성, 충족성, 형평성, 대응성, 적합성 등을 든다. 효과성(effectiveness)은 주어진 대안이 행위의 가치 있는 결과(효과), 즉 목표를 달성하는지의 여부를 의미한다. 능률성(efficiency)은 일정 수준의 효과를 산출하는 데 필요한 노력의 양을 의미한다. 충족성(adequacy)은 일정 수준의 효과가 욕구, 가치 혹은 개선기회를 얼마나 만족시키는지의 정도를 의미한다. 형평성(equity)은 효과나 노력(비용)을 공정하고 정당하게 배분하는가를 의미한다. 대응성(responsiveness)은 어떤 정책이 특정 집단의 요구, 선호, 가치를 얼마나 만족시켜 주느냐의 정도를 의미한다. 적합성(appropriateness)은 정책목표들 자체가 가치 있는 것이냐 하는 것과 이들 목표들에 내재된 가정들이 방어능력을 갖고 있는가하는 것을 가리킨다.

사업안 선택(choice of projects) 단계로 관련된 모든 요소들이 고려된 후 최선의 사업안이 선택된다. 이때 단순한 사업은 비용과 같은 단일 기준을 이용해 사업안을 선택할 수 있으나, 복잡한 사업안에 대해서는 많은 요소가 고려되므로 경우에 따라서는 의사결정자의 인식 정도에 따라 선택될 수도 있다. 공청회 등의 주민 의견 수렴도 필요하고, 교통전문가가 직업적, 윤리적 입장에서 하나의 추천안을 제시하여 그에 대한 강력한 의견을 개진할 수 있어야 한다.

마지막으로 사업계획의 구체화 및 건설(specification & construction) 단계이다. 교통안이 한번 선택되면 각 시설의 구성 요소들을 구체화하는 상세설계 단계가 시작된다. 설계안은 사업안을 시행하기 위한 비용을 추정하는데 계약자들이 이용할 수 있게 만들어지며, 건설회사가 선정되면 이 계획안은 사업안의 집행에 근거가 된다.

4) 공공시설의 설계 사례

(1) 뼈대구조물의 체계적 설계

작은 개울을 건너려면 돌다리를 놓아야 신을 벗지 않아도 건널 수 있고 개울이 크면 통나무다리라도 놓아야 건널 수 있다. 개울이 점점 커져 하천이 되어 흐르는 물이 많으면 다리(교량)을 건설해야 한다. 하천이나 계곡, 호수, 바다나 도로, 철도 등을 횡단하는 도로나 철도와 같은 통로를 설치하는데 이 통로를 지지하기 위해 축조된 구조물(structure)을 총칭하여 교량(bridge)라 한다. 구조물이란 교량이나 건축물, 탑 등과 같이 여러 가지 형상을 가지는 고체 재료를 그 목적에 따라 적당히 연결하고 지반(땅)으로 받치어서 작용할 가능성이 있는 모든 외력에 안전하게 견딜 수 있도록 만들어진 물건을 말한다. 구조물을 구성하는 여러 가지 형상의 고체 재료를 부재(部材, member, structural member)라고 한다. 부재의 형상에는 가늘고 긴 것, 얇고 넓은 것, 덩어리로 된 것이 있다.

덩어리로 된 구조물에는 콘크리트 블록을 쌓아 올려서 만든 안벽, 방파제, 옹벽 등이 있다. 얇고 넓은 부재는 그것이 평면으로 된 평판(平板, plate)과 곡면으로 된 셸(shell, 곡면판, 殼)이 있다. 건물의 마루나 교량의 바닥은 슬래브(slab)로 형성되었는데 이것이 평판이다. 가늘고 긴 부재는 이것이 세로로 놓여 있을 때에는 기둥(column), 가로 놓여 있을 때에는 들보(beam)라고 하며, 이러한 부재를 엮어서 만든 구조물을 뼈대구조물(framed structure) 또는 간단히 뼈대(골조, frame)라고 부른다.

뼈대구조물에서 부재들이 서로 연결된 점은 절점(joint)이라 한다. 절점에는 그 점에 모이는 부재들이 그 점 둘레로 자유로이 회전할 수 있는 활절 또는 힌지(滑節, hinge)와 그 점에 모이는 부재들의 교각(交角)이 전혀 변하지 않는 강절(剛節, rigid joint)이 있다. 뼈대구조물은 그 모든 절점이 힌지로 되어 있을 때에는 힌지뼈대(pin-jointed frame), 적어도 한 개의 강절을 품고 있을 때에는 강절뼈대(rigid-jointed frame)라고 불린다.

구조물은 그 주체(main body)와 이것을 지반 또는 다른 구조물에 연결하는 부분인 지점(支點, support)으로 나눌 수 있다. 지점에는 이동단(roller end), 회전단(hinged end), 고정단(fixed end)이 있다. 구조물을 만드는 목적은 여러 가지가 있으나, 그 중요한 것의 하나는 구조물 밑에 자유공간(clearance)을 남겨두는 일이다. 이 자유공간의 한쪽 방향의 길이는 지점과 지점 사이의 거리인 스팬(span) 또는 지간(支間)이라고 불린다.

구조물에는 그 종류에 따라 사람, 가구, 자동차, 열차 등의 여러 가지 물체를 받치고 있다. 이들의 물체는 그 무게로서의 힘 곧 하중(load)의 작용을 그 구조물에 끼친다. 구조물은 자체의 무게 곧 자중(own weight)에도 견디어야 하고, 때에 따라서는 풍압, 수압, 토압, 충격, 지진력도 받는다. 이렇게 구조물에 능동적으로 작용하는 모든 하중이 외력이다. 한편, 구조물이 하중의 작용을 받으면서도 움직이지 않는 것은 그 지점에 적당한 힘이 하중에 따라 수동적으로 일어나는 힘인 반력(反力, reaction)과 평형을 이루기 때문이다. 반력도 구조물에 작용하는 외력으로, 구조물에 작용하는 외력에는 하중과 반력이 있고 모든 하중이 없어지면 반력도 사라진다. 이와 같이 반력은 하중의 함수이며 이 관계를 구하는 것도 구조역학(theory of structures, structural analysis)의 한 분야이다.

건물이나 교량은 슬래브와 기둥을 기본으로 한 구조물이며, 여기에 외력이 작용하여 다양한 변형을 일으킨다. 이제 다양한 단면 형상에 따른 가장 간단한 뼈대 구조물의 외력에 대한 변형을 측정하면서 구조역학의 기본 개념에 대한 그 원리를 살펴보면서 체계적 설계의 개념을 익혀보고자 한다. 또한 여럿이 함께 역할을 분담하면서 진행하면서 팀워크 역량도 키우고, 최종적으로 보고서를 작성하고 발표하면서 의사소통 기술도 익힌다.

간단한 뼈대 구조물의 예로 문제 주시, 아이디어 탐색, 계획, 모델 제작, 각종 시험, 성과품 발표 설계과정의 일부를 살펴보자.

a) 문제 주시(문제의 정의) :

다양한 단면 형상에 따른 가장 간단한 뼈대 구조물의 외력에 대한 변형을 측정하면서 구조역학의 기본 개념에 대한 그 원리를 살펴본다. 그리고 뼈대 구조물 관련된 하중의 종류, 지점의 종류와 반력, 힘의 3요소와 힘의 평형 등에 대해서 기본적인 지식들을 학습한다.

b) 아이디어 탐색(가능성 있는 해의 창안) :

뼈대 구조물에 대한 아이디어를 탐색한다. 기둥, 힌지 절점, 슬래브 재료를 어떻게 구성할 것인가? 축소된 구조물의 스케일은 어떻게 하면 적절한가? 저울 등 보조 도구는 어떤 것을 생각할 수 있는가?에 대해 논의한다.

복원력을 가진 다양한 형태의 슬래브 재료를 찾되 단면 형상은 정사각형(□, ■), 원형(○), 직사각형(▭, ▬) 등을 선택하되 단일 단면(▭)과 2개의 단면이 겹치는 것(▨)도 생각해본다. 그리고 하중을 어떻게 주면 좋은지도 생각해본다.

c) 계획(창안된 몇 개의 아이디어 분석 및 평가) :

Ⅰ안 : 롤러 / 롤러 지점	Ⅱ안 : 힌지 / 롤러 지점
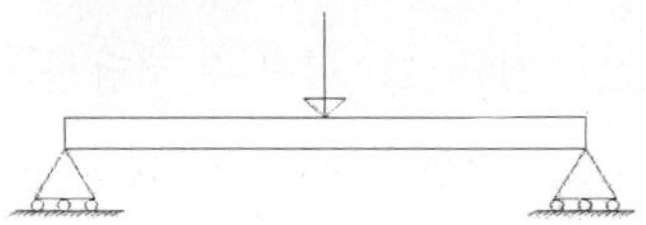	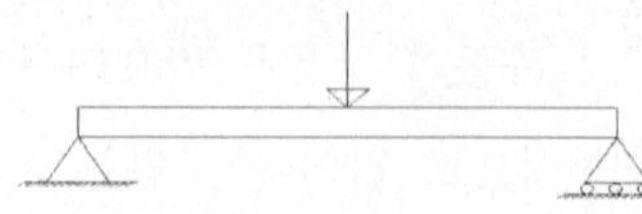
분석/평가 : 모델 채택	분석/평가 : 정정
Ⅲ안 : 힌지 / 힌지 지점	Ⅳ안 : 힌지 / 고정 지점
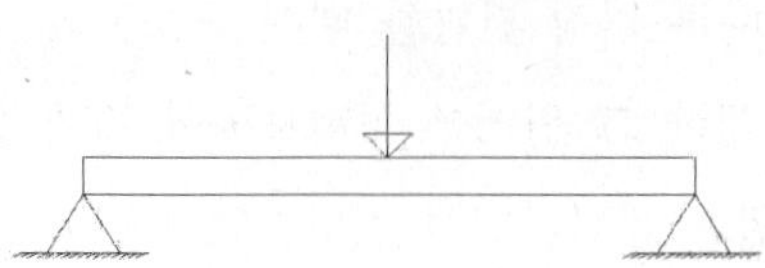	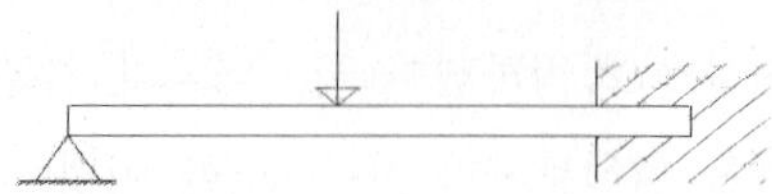
분석/평가 : 1차 부정정	분석/평가 : 2차 부정정

d) 모델 제작(채택된 안의 제작) :

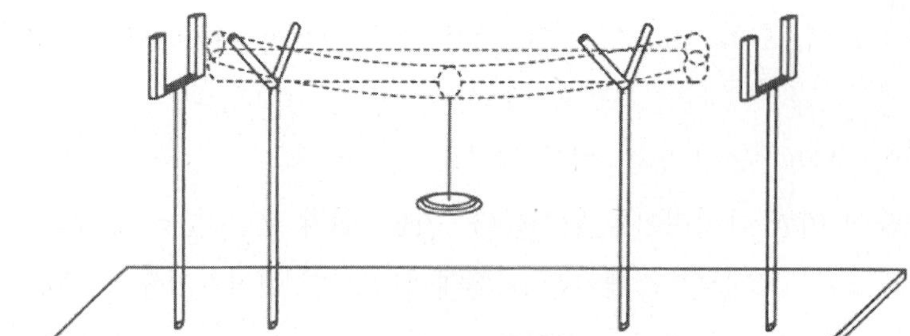

* 김길희 외(2007), 공학입문설계, 구미서관, p.280

[그림 5-5] 제작 모델

e) 각종 시험(여러 단면 형상과 하중 크기에 한 처짐 기록) :

단면＼하중		하중 1	하중 2	하중 3	하중 4	비 고
■ 단면	단일					
	결합					
▨ 단면	단일					
	결합					
▬ 단면	단일					
	결합					

f) 발표

직사각형 단면의 두 재료(a:▨, b:▬)의 단일 및 결합재료로 된 뼈대 구조물의 중앙점 하중에 따른 처짐 곡선을 다음 그림과 같이 나타낸다.

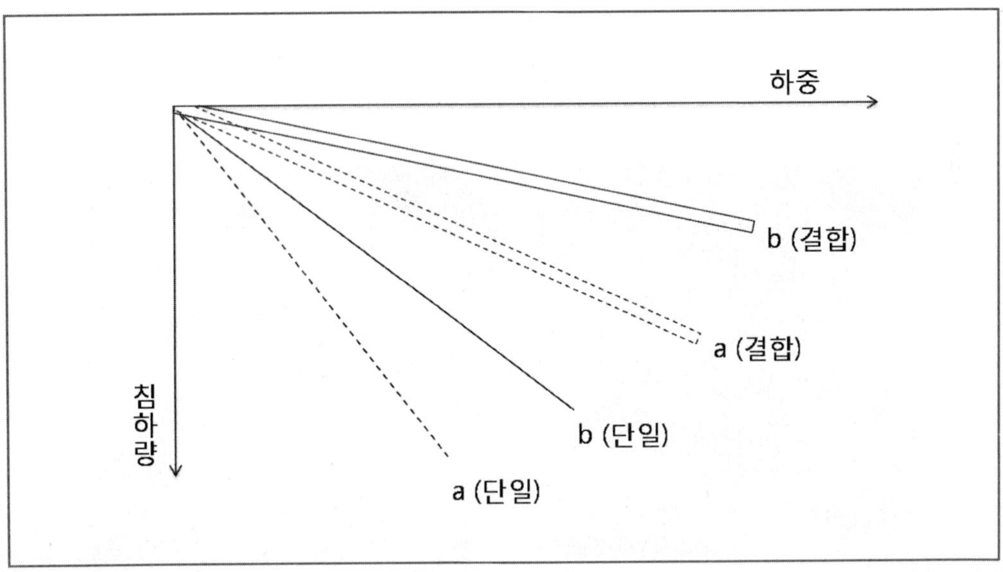

[그림 5-6] 모델 중앙점의 처짐

(2) 교량 신설 타당성 조사

우리나라 최대 공업도시인 울산은 1997년 7월 15일 울산광역시로 출범한 이후 비약적인 성장을 계속하고 있다. 1962년 울산군이 울산시와 울주군으로 나뉘어질 당시 인구가 약 20만명이었는데 46년이 지난 2007년 12월말 현재 110만명의 인구가 되고 도시 세력권이 커졌다. 울산의 중심을 울주군 상북면 가지산에서 발원된 태화강이 흐르고 있다. 울산 도심의 태화강을 사이에 두고 중구와 남구가 있고, 울주군을 흐르는 태화강 주변에 언양과 범서읍을 중심으로 사람들이 집중해서 거주하면서 많은 교통량을 발생하고 있다.

태화강에도 울산만 쪽부터 명촌교, 학성교, 번영교, 울산교, 태화교, 구삼호교, 삼호교, 구영교 등이 건설되어 강북과 강남을 연결한다. 명촌교 아래에 울산대교 건설과 태화교와 삼호교 사이에 보행자 전용교량이 건설되고 오산교가 건설 예정에 있지만 앞으로도 추가적인 교량 건설이 필요하다고 충분히 예견되어진다. 이에 범서읍 구영교 아래 태화강에 설치 가능한 세 교량 후보지를 선택해 그 중 추가적인 교량 하나를 신설하기 위한 타당성 조사를 사례로 넓은 의미의 문제해결 절차를 살펴보면 다음과 같다. 이 과정을 통해 선택된 교량의 구체적인 설계과정은 앞에서 다른 뼈대구조물의 체계적 설계와 유사한 과정을 통해 문제를 해결할 수 있다.

a) 상황파악(situation definition) :

교량의 신설이 고려되고 있는 가상적인 상황으로, 지역내 도로 및 교통 서비스의 상태 파악, 현재의 통행 패턴과 도로 교통량 측정, 기존 보고서, 지형도 및 토질 조건의 검토, 연구 범위와 대상 지역의 설정을 포함한다.

[그림 5-7] 울산 태화강 하구 유역도

b) 문제규명(problem definition) :

교량 건설 사업안의 목표는 통행 혼잡의 감소나 특정 지역들간 통행시간의 단축에 있다. 이러한 목표에 교량건설 사업이 얼마나 잘 부합하는가를 측정하는 기준은 평균지체와 평균통행거리이다. 사업 추진을 제한하는 조건으로 이미 설치되어 있는 대형구조물, 지형 등과 교량 폭, 여유간격, 하중 등에 대한 설계표준을 들 수 있다.

c) 해결책 모색(search of solutions) :

교량의 위치 및 유형에 따라 세 가지 대안을 생각할 수 있다(1안, 2안, 3안). 여기에는 교량을 건설하지 않는 대안(0안)도 포함된다. 각 대안에는 교량 건설 외에 다양한 통행료 부과와 징수방법을 포함한 교량의 운영정책도 고려의 대상이 된다.

d) 성과분석(analysis for performance) :

교량 건설의 성과를 분석하기 위하여 대안으로 고려하고 있는 각 위치에 대한 개략적인 비용을 추정한 후, 여러 요금 수준과 교량 폭에 따른 장래 교통량을 추정한다. 교량 이용자들에 대한 평균 통행길이와 통행시간을 결정한 후 이것을 교량을 건설하지 않을 경우와 비교한다. 필요한 토지, 시각적인 효과, 소음 등의 환경문제와 같은 파급효과도 계산한다.

e) 대안평가(evaluation of alternatives) :

교량 사업안의 평가에 있어 수익성 기준의 부합정도를 결정하기 위하여 사업안의 편익과 비용을 분석한다. 그 결과가 긍정적이면 대안별 평가는 공학적, 경제적 타당성과 환경적 파급효과에 대한 여러 요소들이 비교, 분석되며, 비용 - 효과평가도 할 필요가 있다.

f) 사업안 선택(choice of projects) :

교량의 건설 여부를 결정하기 위하여 수입-비용예측에 주의하여 재정적으로 가장 양호하다고 판단되는 사업안을 선택한다.

g) 사업계획의 구체화 및 건설(specification & construction) :

선택된 교량에 대해 기본설계를 하고 교통영향평가, 환경영향평가, 문화유적 지표조사를 거쳐 실시설계를 하고 시공사를 선정하기 위한 입찰 후 교량 건설이 완료되면 운영과 유지관리는 발주처에 이관되고 민자 유치일 경우는 계약조건에 따른다.

[실습]

주어진 재료를 이용하거나 가공(자르거나 구부림 등)하여 제작 규격을 만족하는 양팔 구조물 중에서 큰 하중을 견디는 구조물을 제한 시간 내에 만들어 보라.

* 지급재료

- 나무젓가락(180개), 고무줄(230개), 모형크기 측정용 노끈(70cm)

* 제작규격

- 구조물의 수직 부재의 높이(C)가 60cm 이상일 것.
- 구조물의 수평 부재의 길이(A+B)가 70cm 이상일 것.
- 재하판(20cm*20cm)의 설치가 가능할 것
- 재하시 적어도 1장 이상의 벽돌을 양쪽에 올려야 함.

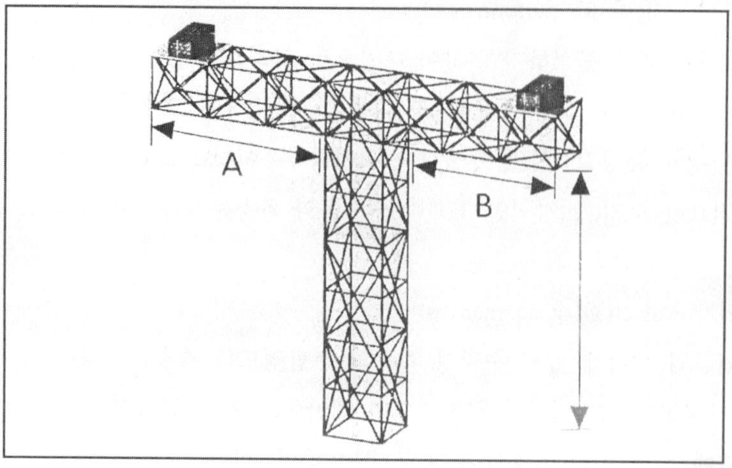

[그림 5-8] 실습 구조물 개요도

* 평가방법

- 지급된 재료량에 맞는 모형 → 제작 규격을 만족하는 모형 → 큰 하중을 견디는 구조물 순서대로 선발.

6 의사소통 기술과 평가

01 보고서 작성

인간은 사회를 구성하는 한 일원으로 존재하고 살아가기 때문에 끊임없이 대화하거나 문자로서 보여주면서 다른 사람들과 관계를 가지게 되며 이를 효과적으로 수행하는 과정을 의사소통(communication)이라 한다. 산업현장이나 건설현장에 근무하는 기술자는 그 업무를 수행하면서 직장 안 밖의 여러 사람들과 부단히 대화하고 글을 쓰기도 하고 공문서와 각종 보고서도 작성한다. 한 조직체의 구성원이 된 초기 단계에서는 대화나 문서의 비중이 근무 시간에서 차지하는 비중이 상대적으로 낮으면서도 양자가 비슷하나 고급관리자에 가까이 가면서는 문서작성 비중은 좀 낮아지나 대화의 비중은 크게 증가한다.

김길희는 최소 3~4년 동안 직장생활을 한 4,057명을 대상으로 엔지니어가 성공적으로 직장생활을 하는데 필요한 학과목을 조사한 결과를 제시하였다. 그에 의하면 1위에서 10위까지가 경영학, 문장력, 확률과 통계학, 발표력, 창의력, 개인간 인화, 그룹간 인화, 속독, 대화, 영업과목이었고, 기타 데이터처리, 경제학 등 과목이나 전공기초과목이 11~31위였고, 자신의 학위를 취득하는데 필요한 전공 공학과목은 순위가 32~38위였다. 이것은 업무의 상당 부분이 대화나 보고서 작성에 소모하는 입장에서 볼 때 의사소통의 기술이 그만큼 필요함을 보여주고 있다고 하겠다. 특히 공학도들은 인문사회학도들에 비해 글쓰기와 발표의 기회가 적은 점도 있지만 논리적으로 문제를 해결하려는 능력이 많기 때문에 체계적인 훈련을 쌓는다면 보다 우수한 의사소통을 할 수 있을 것이다.

문자에 의한 의사소통의 한 방법으로 보고서를 작성한다. 어떤 과업을 수행함에 있어서 과업의 개요와 수행 절차 등을 제시하는 최초(착수)보고서, 과업을 수행하면서 과업의 윤곽과 아이디어를 제시하는 중간보고서 그리고 최종보고서를 작성할 경우가 많다. 최종보고서는 다양한 영역에 종사하는 사람들이 과제나 업무와 관련된 개인이나 팀의 생각이나 연구결과를 다른 사람들에게 전달하는 의사전달의 역할을 수행한다. B.S. Thpmpson은 보고서의 작성을 6단계로 설명하였다. 즉, 1) 문서의 취지를 정의하고, 2) 할당된 과제를 수해야 기 위해 필요한 정보를 수집하고, 3) 보고서의 윤곽(outline)을 잡아 모양을 갖추기 시작하는데 이 때 여러 개의 절들이 일련의 표제와 부재를 변화시켜가면서 진행하고, 4) 문서의 윤곽을 이용하여 아이디어를 순차적으로 확장하면서 초안을 작성하며, 5) 초안과 그 후속되는 원고의 비평을 포함한 분석과 첨삭을 하면서 반복적으로 원고를 편집하고, 6) 여러 번의 교정 작업을 한다는 것이다.

그는 보고서 작성의 세부사항도 제시하면서 보다 정확하고 견실하게 해야 할 것이라 하였다. 세부적으로 요구되는 사항으로 철자법, 구두점 및 문법 오류에 유의하고, 보고서 제목을 서술식으로 하고, 보고서 초반부에 주요 논제를 소개하고 세부사항은 뒤에서 다루고, 표제(heading)와 부제(subheading)를 사용하여 구조화하고, 단락(paragraph)은 간결하고 논리적 연관성을 갖게 하고, 짧되 다양한 길이의 문장(sentence)을 사용하고, 정확한 시제(tense)를 사용하며, '나는', '우리는'과 같은 사적인 대명사를 피할 것 등이 그것이다.

보고서는 제품 개발이나 사회기반시설 계획의 기록물로서 매우 의미가 크며, 그만큼 훌륭한 보고서를 작성한다는 것은 공학설계에서 매우 중요하다. 보고서 작성의 형식에는 정형화된 것은 없으나 보통 다음의 사항들이 차례로 포함된다.

- ㅇ 표지(Title) : 보고서의 주제에 관한 간략한 서술식 문장을 넣되, 의문의 여지가 없어야 한다. 표지에는 저자와 소속을 명시한다.
- ㅇ 요약문(Summary) 또는 초록(Abstracts) : 조사나 연구의 범위와 성과를 분명히 하여 문서 전체의 내용을 파악하는데 충분한 정보를 제공한다. 때때로 주제어(key words)를 제공하여 검색에 이용하게도 한다.
- ㅇ 차례 또는 목차(Contents) : 각 장과 절의 표제와 부제별 쪽번호를 수록하여 문서의 골격을 보여준다. 부록의 목차도 넣기도 한다.
- ㅇ 표(Tables) : 본문에 일련 번호와 각각의 제목을 부여하고, 표 목차를 둔다.
- ㅇ 그림(Figures) : 본문에 일련 번호와 각각의 제목을 부여하고, 그림 목차를 둔다.

o 기호설명(Nomenclature, Notation) : 보고서에 사용된 기호와 그 의미를 나열하되, 한글 가나다 순, 영문 알파벳 순으로 한다.

o 서론(Introduction) : 보고서의 배경 정보를 제공하고 그 보고서에 대해서 전체적 조망을 하게 한다.

o 이론전개(Theoretical developments) : 본문의 첫 부분이다. 조사나 분석 대상인 과제에 대한 가정, 가정의 정당성 등을 포함한다.

o 실험조사(Experimental investigation) : 실험조사에 쓰일 장비의 개발과 작동법에 대해 설명하고, 실험절차도 설명한다.

o 실험결과(Experimental Results) : 실험 및 이론 결과를 조합하여 표, 도표, 그림 등의 형태를 보여준다. 결과의 양이 많으면 뒷부분 부록에 수록한다.

o 결과토의(Discussion of Results) : 이론과 실험결과를 비교하고 차이가 발생할 때 설명도 있어야 한다. 이론적 또는 수학적 모델이 어떻게 개선되었는지 설명하고 실험오차도 언급한다.

o 결론(Conclusion) : 보고서 표지와 직접으로 관련되고 보고서 전반에 걸쳐 발표된 연구나 조사 결과를 요약한다.

o 감사의 글(Acknowledgements) : 저자 외에 공헌한 사람들을 알리고 종종 보고서에 재정지원을 한 기관도 소개한다.

o 참고문헌(Reference) : 다른 사람들의 저서나 연구 내용을 참조했을 때 이를 명기하는 것으로 본문 중에 기술하거나 끝부분에 적절한 형식으로 저자명, 출판물의 제목, 학술지 이름, 출판사, 인용 페이지, 발행연도 등의 출처를 밝힌다.

o 부록(Appendices) : 본문 내용의 상세한 설명, 많은 설명, 기타 이유로 보고서 본문을 보완한다.

o 색인 또는 찾아보기(Index) : 본문에 언급된 핵심 용어가 실린 페이지를 써서 그 용어의 의미와 관련 사항을 쉽게 알 수 있게 한다.

여러 학회나 연구기관에서 제출받는 논문의 경우 논문의 구성, 분량, 작성과 편집 등에 대해서 규정을 제시하고 있다. 보고서의 경우는 논문과 달리 상대적으로 분량의 제한을 받지 않지만 논문의 규정을 참조해 작성하면 된다.

대한토목학회는 대한토목학회 논문집 투고규정 및 논문작성 방법을 제정하여 수차례 개정하여 논문 투고자로 하여금 지켜주길 제시하고 있다.

투고규정으로 투고원고의 구분(연구논문, 기술노트, 토의 및 토의회답), 투고자, 원고의 분량, 원고작성(사용언어, 작성용지, 용어 및 기호, 단위), 원고제출(제출기한, 제출방법)을 두었다. 연구논문 작성방법으로 논문의 구비 조건, 논문의 구성(전문(專門) 분야, 제목 - 국문 및 영문, 저자명 - 국문 및 영문, 요지 - 국문 및 영문, 본문- 서론·본론·결론, 감사의 글 - 필요한 경우, 참고문헌, 기호 - 필요한 경우, 부록 - 필요한 경우)을 제시하고, 그림과 사진 및 표의 표기 방법과 번호 및 제목, 수식의 언급 방법을 제시했다.

학술지와 학술회의지 개재논문, 저술, 학위논문, 보고서 등의 참고문헌의 표기방법을 아래와 같이 제시했다.

① 학술지 게재논문 : 저자, 출판연도, 논문제목, 게재된 학술지명, 발행기관, 권, 호, 게재된 쪽

"보 기"

김문영(1993) 전단변형을 고려한 뼈대구조의 기하학적인 비선형 해석. 대한토목학회논문집, 대한토목학회, 제13권, 제4호, pp. 37-49.

Rahuel, J.L., Holly, F.M., Chollet, J.P., Belleudy, P.J. and Yang, G. (1993) Modeling of river bed evolution for bedload sediment mixtures. J. of Hydr. Engrg., ASCE, Vol. 115, No. 11, pp. 1521-1542.

② 학술회의지 게재논문 : 저자, 출판년도, 논문제목, 학술회의지명, 발행기관(또는 출판사), 출판지 또는 회의개최지(국외인 경우), (권), 게재된 쪽

"보 기"

남궁문(1993) 운전자의 차간 거리 인지 특성. **1993년도 학술발표회 논문집(Ⅱ)**, 대한토목학회, pp. 5-8.

Hsu, G.J. (1980) On the correction of oceanographic applications. *Proc. of 17th Int. Conf. on Coastal Engrg., ASCE,* Sydney, Australia, pp. 709-724.

Wang, H.T. (1985a) Temporal and spatial simulations of random ocean waves, *Proc. of 4th Int. Offshore Mech, and Arctic Engrg. Symp.,* American Society of Mechanical Engineers, New York, N.Y., Vol. 1, pp. 72-80.

Webster, W.C. and Trudell, R.W. (1981) Statistics of local motions on a ship. *Proc. of Conf. on Directional Spectra Applications*, Prentice-Hall, Eaglewood Cliffs, N.J., pp. 461-482.

③ 단행본 게재논문 또는 저술 : 저자, 출판년도, 논문제목, 게재된 단행본명, 편집자(있는 경우), (권), 발행기관(또는 출판사), 출판지(국외인 경우), 게재된 쪽

"보 기"

Blong, R.J. (1985) Gully sidewall development in New South Wales Australia, *Soil Erosion and Conservation*, S.A. El-Swanify, W.C. Moldenhauer and A., Lo, eds., Soil Conservation Soc. Am., Ankeny, lowa, pp. 574-584.

Lewellen, W.S. (1977) Use of invariant modelling. *Handbook of Turbulence*. W.Frost, ed., Vol. 1, Plenum Press, New York, N.Y., pp. 237-280.

④ 저서 : 저자, 출판년도, 저서명, 출판사, 출판지(국외인 경우)

"보 기"

이기우(1970) **강뼈대의 소성설계법**. 토목사.

Norris, C.H. and Wibur, J.B.(1960) *Elementary structural analysis*. McGraw Hill, New York, N.Y.

⑤ 학위논문 : 저자, 출판년도, 논문제목, 학위종류, 학위수여기관, 소재지(국외 경우)

"보 기"

이관호(1992) **아스파트 콘크리트 포장체의 구조적 능력 평가에 관한 연구**. 박사학위논문, 연세대학교.

Beltaos, S. (1974) *Turbulent impinging jets*, Ph.D. Dissertation, University of Alberta, Edmonton, Alberta, Canada.

⑥ 보고서 : 저자, 출판년도, 보고서 제목, 보고서 종류(번호), 연구기관, 소재지(국외인 경우)

"보 기"

박상진 등(1987) **PC용 하천수질관리 모델의 개발(Ⅰ) : 반응계수에 대한 연구를 중심으로**. 연구보고서, 건기연 87-EE-113, 한국건설기술연구원.

Edinger, J.E., Brady, D.K. and Geyer, J.C. (1974) *Heat Exchange and Transport in the Environment*. Report 14, EPRI Publication No. 74-049-00-3, Electric Power Res. Inst., Palo Alto, California.

Kananbolo, D.C. and Norville, H.S. (1995) *The Strength of New Window Glass Plates Using Surface Characteristics*. Report. Glass Research and Testing Laboratory, Texas Tech University, Lubbock, Texas.

투고규정 및 논문작성 방법의 마지막으로 기술노트 작성방법, 토의 및 토의회답 작성방법, 저작권 및 저자의 책임, 규정의 준수의무, 시행시기를 제시했다. 2005년 1월부터는 인터넷으로도 논문을 투고할 수 있게 안내를 하고 있다.

2) 구두발표(프리젠테이션)

주어진 과제의 결과물에 대해 의사소통의 방법으로 정확하고 구체적인 내용이 서술된 보고서 형태도 있지만, 그 밖에 보고서 내용을 제한된 시간 안에 핵심적으로 특정인을 대상으로 구두발표(oral presentation)를 통하는 것이 필요할 때가 있다. B.S. Thpmpson은 구두발표를 할 때 준비해야 할 중요한 사항으로 다음을 들고 있다. 즉,

- 발표의 목적이 무엇인가 알라.
- 발표를 듣는 청중들은 누구인가 분석하라.
- 발표를 통해 전달하고자 하는 핵심 내용은 무엇인지 선정하라.
- 생각을 결집하게끔 아이디어를 적어 나가라.
- 발표형식을 정하라.
- 중요사항은 문서나 보고서보다 더 반복하라.
- 슬라이드나 다른 형태의 삽화를 이용하라.
- 가능하다면 시청각 기구를 이용하라.
- 발표 연습을 미리 철저하게 하라.
- 질문을 예상하고 답변을 준비하라.
- 무언으로도 전달하고자 하는 시선 맞대기(eye contact)나 신체언어(body language)를 생각하라.
- 발표 전에 미리 장소와 시설을 점검하라.

발표 내용에 대한 이해도는 그 내용과 듣는 사람의 수준에 따라서 달라질 수 있지만 오히려 발표 방식의 여하에 따라서도 크게 나아진다. 발표를 시작하는 도입부에서는 청중들의 관심을 모으고 난 뒤 시작함이 좋다. 그리고 발표 제목과 주제, 발표의 목적을 제시하고 핵심 내용을 알려주어 관심을 갖도록 한다. 본론은 내용과 분량을 적절히 안배해서 가끔 실례를 보이면서 진행하고, 결론은 간결하게 요약하고 핵심 내용을 전한다.

발표에서 활용되는 보조 장치로 챠트, 슬라이드, OHP, 파워포인트(power point)를 통한 빔(beam) 프로젝트 등이 있는데, 오늘날 영상장비 기술의 발전 기술을 잘 활용하여 효과를 극대화해야 할 것이다. 보고서를 작성할 때나 구두발표를 할 슬라이드는 지도, 그림, 표 등으로 설명할 내용을 함축적으로 시각적으로 나타내면 크게 효과적일 것이다.

파워포인트를 만들 때는 단순히 보고서나 논문을 요약해서 짜깁기 하는 것이 아니라 그 내용을 시각화하는 과정을 거칠 필요가 있다. 보통 보고서를 준비하는 시간에 비해 발표 자료를 만드는 시간은 짧아 내용을 단순히 전달하기에 급급할 수가 있다. 그러나 파워포인트로 하는 발표는 사실을 단순히 읽는 것이 아니라 보여주는 것이기 때문에, 이해를 돕기 위하여 주요한 수치는 가능한 그래프로 나타내 시각적 이미지로 표현하는 것은 매우 중요한 일이다. 그렇다고 발표 내용을 돋보이기 위해 현란한 글자체나 디자인을 사용하는 것은 오히려 이해도가 떨어짐도 유념해야 할 것이다. 그리고 미리 시간 배분을 철저히 하여 정해진 시간 안에 발표를 마칠 필요가 있다.

필자는 '21세기 울산장기발전계획'(1997.7.15) 보고서를 작성하면서 동북아시아 경제권에서 울산의 위치, 21세기 울산의 미래상, 21세기 울산발전 비전 분야를 그림과 같이 시각화하여 표현하면서 설명하였다.

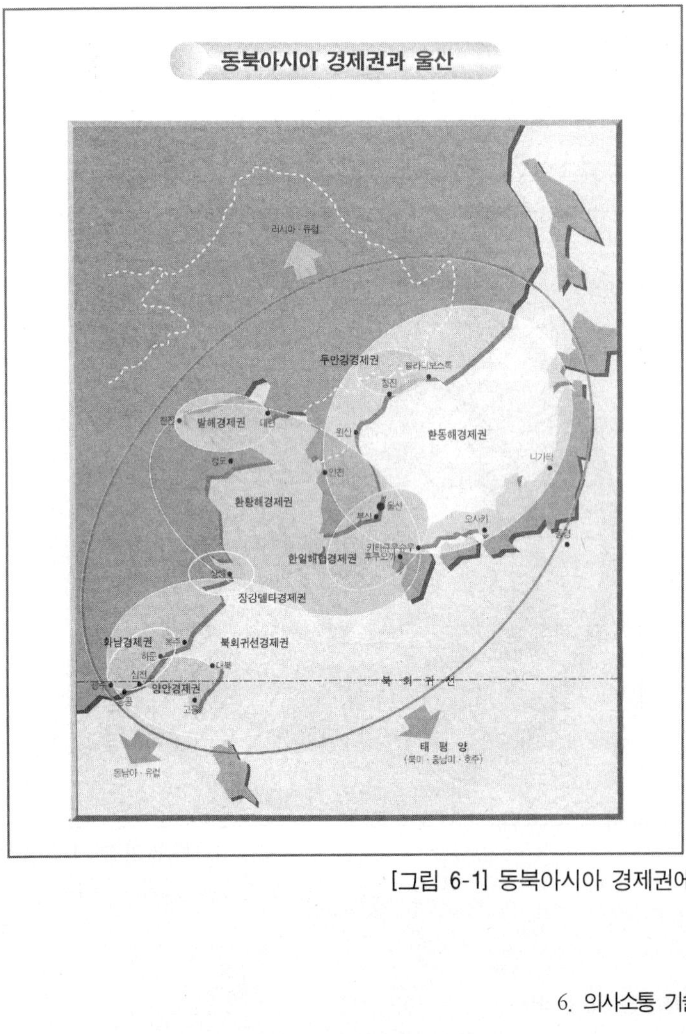

[그림 6-1] 동북아시아 경제권에서 울산의 위치

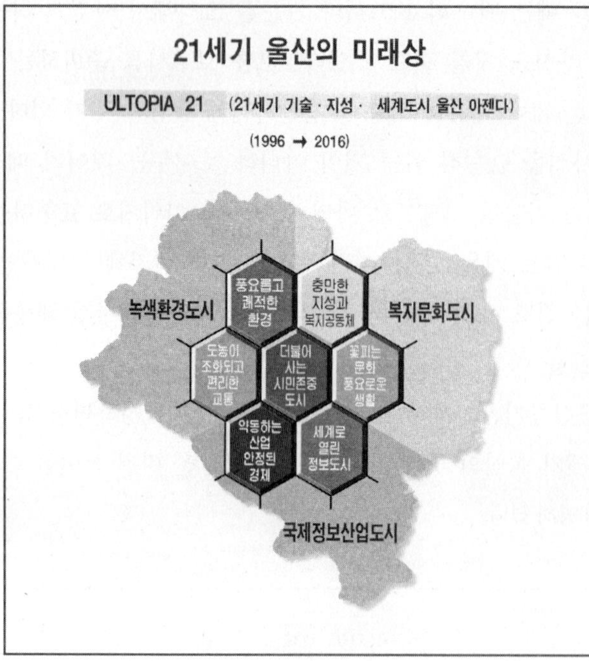

[그림 6-2] 21세기 울산의 미래상

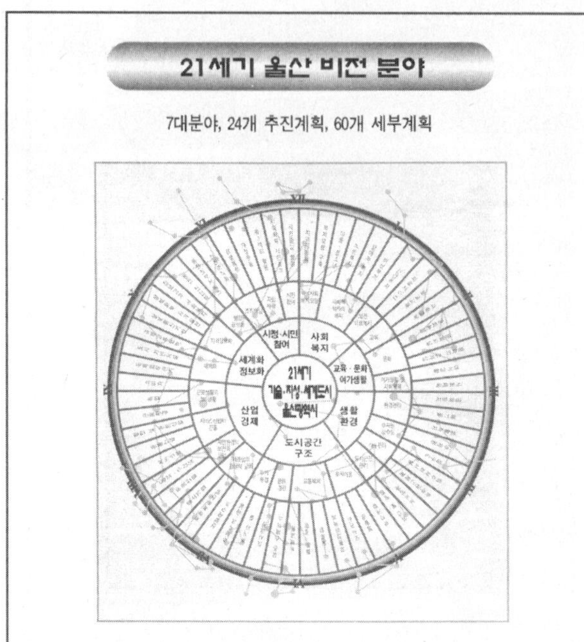

[그림 6-3] 21세기 울산발전 비전 분야

그리고, '울주군 장기종합개발계획'(2000.11) 보고서를 작성하면서 울주군 연혁과 울주군 인구현황을 다음 그림과 도표와 같이 표현하면서 시각적 이미지로 설명하였다.

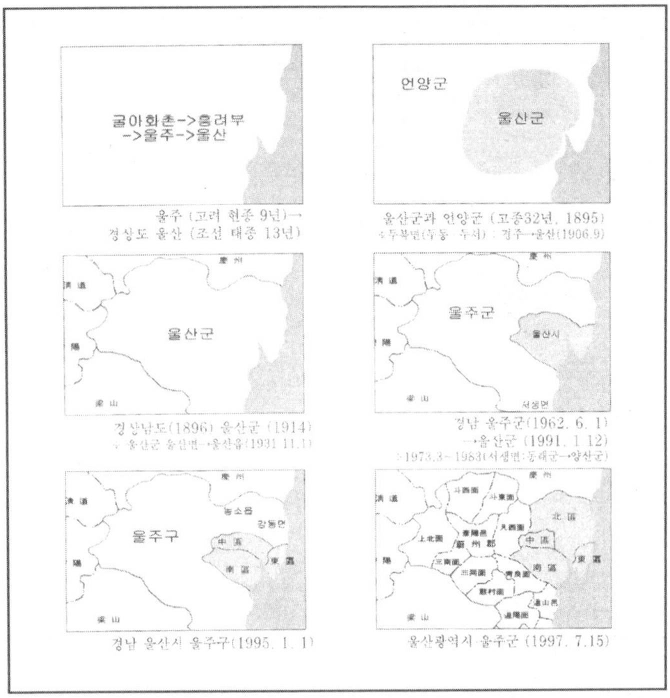

[그림 6-4] 울산광역시 울주군 연혁

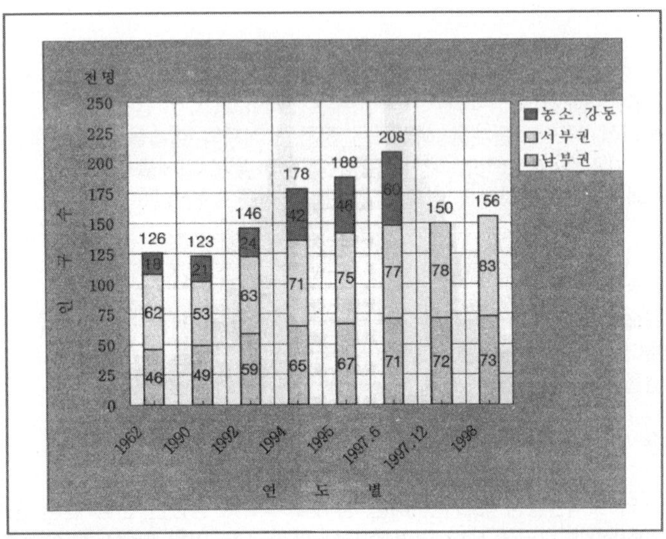

[그림 6-5] 울산광역시 울주군 인구현황

3) 창의활동 평가와 공학윤리

보다 창의력 있는 과업의 성과는 여러 사람의 아이디어와 협력에 의한 팀워크에 의해 만들어진다. 팀 구성원들이 상호 협력하여 과제를 효율적으로 해결하는지를 평가의 과정을 꼭 가질 필요가 있다. 평가는 상급자나 제3의 사람이 할 수도 있지만 팀원들이 스스로를 자체 평가하는 방법도 있고 이를 혼용할 수도 있다.

대학에 갓 입학한 건설환경공학부 학생들이 첫 학기에 필수적으로 수강하는 본 '토목환경 창의공학설계' 과목(2학점)을 아래 표와 같은 수업계획서 중심으로 학습 성과 평가방법을 알아보기로 한다.

[표 6-1] 수업계획서

토목환경 창의공학설계 수업계획서
※ 학습 성과 및 기여도
- 학습 성과 3항목에 대해 기여도를 상·중·하로 적정비율로 직접 평가한다. (3) 설계기본 : 요구된 필요조건에 맞추어 토목환경창의공학 시스템, 요소 및 공정을 설계할 수 있는 능력 (4) 팀워크 : 복합 학제적 팀의 한 구성원의 역할을 해낼 수 있는 능력 (5) 문제해결 : 토목환경 문제들을 창의적으로 인식하며, 이를 공식화하고 해결할 수 있는 능력
1. 교과목 개요
21세기 지식기반사회에서 창의력의 중요성을 알고 토목환경공학의 영역에도 전개될 새로운 교육프로그램과 공학설계에 대해서 학습한다. 팀워크에 의한 창의적 사고로 문제를 해결하는 절차를 예제와 실습을 통해서 학습하고 의사소통 기술과 평가방법도 이해한다. 그리고 예시적인 창의공학 설계 과제를 익히면서 팀을 나누어 주어진 토목환경공학 과제에 대해 창의적 설계로 성과품을 만들고 발표한다.
2. 교수목표
(1) 설계기본을 학습하여 건설환경공학의 기본적인 지식을 습득한다. (2) 팀워크를 만들어 과제를 협동하면서 해결하고 의사전달 기술을 배양한다. (3) 창의설계 개념을 익히고 팀별 과제를 해결하면서 설계능력을 함양한다.
3. 주요 학습내용 및 수업진행방법
지식기반사회에서의 토목환경공학도가 어떠한 창의적 사고로 당면한 전공 관련 문제를 해결할 것인가를 이해하고 예제와 팀워크에 의한 팀별 실습을 행하고 또 이를 보고서를 작성하고 발표해본다.

[설계포토폴리오 (설계학점 : 2.0)]

설계제목	토목환경 창의공학설계 : ( )조 ( ) 창의설계
설계제한요소	전공에 대한 이해 부족을 감안해 취득 가능한 자료로 과업 수행
설계도구	인터넷 검색, 과제 관련 전공서적 개요, 기타 필요한 도구
설계세부내용	o 보고서 작성, 브레인스토밍, 마인드 맵, PMI기법, 사례 익히기 o 경사면보호, 암거/교량, 정수장, 폐기물처리, 건축공정 창의설계

4. 학습 성과 평가방법

- 학기 전반부 : 교수가 개인별로 평가(출석 20점, 중간고사 80점)
- 학기 후반부 : 팀별 자체 평가(100점) 및 팀별 교수 평가(200점)
  * 자체평가 : 팀별 중간평가 및 최종평가 합산(팀 평균 80점 팀에 따라 ±10점)
  * 최종발표 : 개요(20), 본론(20), 설계(20), P.P.(20), 발표(20)
  * 최종보고서 : 내용(20), 형식(20), 성실(10)

항목	1 학기 전반부		1 학기 후반부				비고
	개 인 별 평가			팀 별 평 가			
	출석	중간 시험	자체 평가	착수 발표	최종 발표	최종 보고서	
점 수	20점	80점	100점	50점	100점	50점	400점
비 율	5%	20%	25%	12.5%	25%	12.5%	100%

5. 교재 및 참고문헌

o 교재 : 토목환경 창의공학설계
o 참고문헌 : 각 과제별 토목환경공학 관련 과목 개론 등

6. 주별 진도계획 및 학습자료

제1주	(강의 개요 소개 및 수업진행방법)		[학습자료]
제2주	1. 지식기반사회와 SOC		설계도구 참조
제3주	2. 토목환경공학 영역과 미래		
제4주	3. 새교육프로그램과 공학설계		
제5주	4. 팀워크와 창의적 사고		
제6주	5. 창의적 문제해결 절차		
제7주	6. 의사소통 기술과 평가		
제8주	(중간고사 - 개인별 이해력 측정)		-----
제9주	7.도로계획 창의설계	팀별 활동규칙, 평가계획, 개요사진, 창의적사고, 마인드 맵, 아이디어 탐색, 자료수집, 과제계획 및 모델구상, 성과품 작성 (※ 8~12 동시진행)	설계도구 참조
제10주	8. 경사면보호 창의설계		
제11주	9. 암거/교량 창의설계		
제12주	10. 정수장 창의설계		
제13주	11. 폐기물처리 창의설계		
제14주	12. 건축공정 창의설계		
제15주	(보고서 작성)		-----
제16주	(구두발표)		빔 프로젝트

본 과목의 학습 성과는 강의 전반부는 개인에 대한 평가를 주로하고, 후반부는 팀별 자체 평가와 착수보고 내용과 최종보고서 발표와 보고서를 주로 해서 이들을 모두 합산한다.

학기 전반부의 개인별 평가는 출결사항과 중간시험에 의하고, 학기 후반부는 개인별 자체평가와 팀별평가를 병행한다. 팀 자체평가는 앞 4장에서 실습한 평가표를 이용하거나 새로이 작성하여 평가하되 팀원의 평균 점수가 100점 만점에 80점이 되도록 한다. 자체평가 개인별 점수가 적절하게 평가되지 않았다고 판단될 때는 담당교수가 임의로 조정할 수 있다. 그리고 팀별 팀워크의 성실도, 참여도 등의 우열이 크게 차이가 난다고 판단했을 때 담당교수는 그 평균점수를 90점으로 상향시킬 수도 있고, 70점 또는 그 이하로 하향시킬 수도 있다. 착수발표 및 최종발표와 최종보고서의 평가는 팀별로 A^{+}, A^{o}, B^{+}, B^{o} .... 의 단위로 평가하여 적절히 배점한다.

다음 표는 2008학년도 1학기 토목환경 창의공학설계 수강생들의 2개 분반 10개 팀의 자체평가표 현황을 나타낸 것이다.

[표 6-2] 토목환경 창의공학설계 자체평가표

분반 / 조		인원	성적(평균 80점 배정)	평가 근거
1	1	14	100 100 93 85 85 80 80 80 80 79 74 74 55 55	기술 없음
	2	13	전원 50(12명) 90(4년 1명)	보고서 미제출
	3	9	90(3명) 80(3명) 70(3명)	누적 점수 부여 : 출석 7, 자료제출 5, 발표 5, 적극성 5, 의견 5, 공헌 5점. 개별 합산해 상·중·하위순 점수부여
	4	14	99 99 97 96 91 90 81 71 70 70 67 66 64 68	주일별(5주)로 성실성(30), 창의력(15), 참여태도(20), 시간(20), 실용성(15) 합산해 평균 80점으로 환산
	5	12	100 100 97 94 94 92 89 72 50 50 50 (장기결석)	결석 감점, 과제 가·감점, 참여도 가점, 창의력 가점, 팀기여 가점 합산해 평균 80점으로 환산
	*	3	0 0 0	팀명단 제외된 장기결석자

2	1	10	95 86 95 81 86 81 81 81 70 50*	작업(20), 창의(20), 기여(20), 시간(20), 자체평가(20) 합산해 평균 80점 * 0점처리→ 50점주어 개인별 5점 감함
	2	10	80 75 75 75 75 70 60 30 30 30	평가 근거 전혀 없이 쪽지에 첨부해 제출 점수에서 모두 20점씩 감점
	3	12	100 100 91 86 81 81 76 76 76 71 71 50*	상점 : 자료제출(2), 발표(3), 역할(4) 벌점 : 불참(-3), 잡담(-2), 지각(-1) 합산해 평균 80점 *60점 조정해 각+1
	4	12	90 100 100 80 90 90 63 62 100 80 55	주별(6주) 결석, 지각 감점 처리해 평균 80점 환산
	5	12	100 100 97 94 92 86 80 70 68 59 59 56	100점 부여후 감점 : 과제(3), 결석(3), 지각(1), 졸음(1) 합산해 평균80점 환산
	*	11	10명 80, 2조 70	재수강생 성적 미기재

다음 표는 2008학년도 1학기 수강생들에 대해 담당교수가 작성한 팀별 착수발표, 최종 발표, 보고서 평가표점수 현황을 나타낸 것이다.

[표 6-3] 토목환경 창의공학설계 발표회 및 보고서 평가표

분반/팀		착수발표(50)	최종발표(100)						보고서(50)				합계(200)
			개요(20)	본론(20)	설계(20)	P.P.(20)	발표(20)	소계	내용(20)	형식(20)	성실(10)	소계	
1	1(경사)	45	B 16	B 16	B 16	B- 14	B- 14	76	16	16	8	40	161
	2(암거)	40	B- 14	B 16	B 16	B- 14	B- 14	74	0	0	0	0	114
	3(상수)	45	A 18	A 18	A 18	A 18	A 18	90	5	5	8	18	153
	4(매립)	42	A 18	A 18	A 18	A 18	A 18	90	18	18	9	45	177
	5(공정)	40	A 18	A 18	A 18	A 18	A 18	90	16	16	9	41	171
2	1(경사)	50	B 16	B 16	C 12	C 12	B 16	72	12	12	8	32	154
	2(암거)	42	B 16	B 16	B 16	B 16	B 16	80	12	12	6	30	152
	3(상수)	45	B 16	A 18	A 18	B 16	B 16	84	20	20	10	50	179
	4(매립)	40	A 18	A 18	B 16	A 18	B 16	86	18	18	8	44	170
	5(공정)	50	B 16	B 16	C 12	B 16	B 16	76	18	18	8	44	170

위 표의 점수(200점)와 자체평가(100점), 중간시험(100점), 출결사항(100점) 합계 500점(제2부 팀별 창의설계에서는 출결 20점, 중간시험 80점으로 합계 400점)의 2008학년도 1학기 수강생들의 성적 분포도와 배정 학점 및 평점별 인원과 비율 현황을 다음 표로 나타내었다.

[표 6-4] 성적 분포 및 학점 배정 현황

<table>
<tr><th rowspan="2">점수대</th><th rowspan="2">점수 분포</th><th rowspan="2">학점</th><th rowspan="2">인원</th><th colspan="2">1반</th><th colspan="2">2반</th></tr>
<tr><th>인</th><th>%</th><th>인</th><th>%</th></tr>
<tr><td>~ 450</td><td>* * a</td><td>A^+</td><td rowspan="3">5</td><td rowspan="3">1</td><td rowspan="7">14</td><td rowspan="3">4</td><td rowspan="7">28</td></tr>
<tr><td>440</td><td>aa</td><td>A^+</td></tr>
<tr><td>430</td><td>aaaabb 437 435 435 *</td><td>A^+</td></tr>
<tr><td></td><td>430 430 430</td><td>A^0</td><td rowspan="4">23</td><td rowspan="4">8</td><td rowspan="4">15</td></tr>
<tr><td>재수강</td><td>* -> L(460), K(456), C(435)</td><td>A^0</td></tr>
<tr><td>420</td><td>bbbaaaaaaaaaaabbb</td><td>A^0</td></tr>
<tr><td>410</td><td>aaaabb 416 416 415 415</td><td>A^0</td></tr>
<tr><td></td><td>410 411</td><td>B^+</td><td rowspan="4">25</td><td rowspan="4">9</td><td rowspan="7">29</td><td rowspan="4">16</td><td rowspan="7">34</td></tr>
<tr><td>400</td><td>aaaaaaaaabbbbb</td><td>B^+</td></tr>
<tr><td>390</td><td>aaaabb</td><td>B^+</td></tr>
<tr><td>380</td><td>aaabbbb 386 389 385 386</td><td>B^+</td></tr>
<tr><td></td><td>381 381 381</td><td>B^0</td><td rowspan="3">17</td><td rowspan="3">10</td><td rowspan="3">7</td></tr>
<tr><td>370</td><td>aaaabbbbbb</td><td>B^0</td></tr>
<tr><td>360</td><td>aaaabbb 365 366 367 363</td><td>B^0</td></tr>
<tr><td></td><td>361 360 361</td><td>C^+</td><td rowspan="3">26</td><td rowspan="3">11</td><td rowspan="12">42</td><td rowspan="3">15</td><td rowspan="12">28</td></tr>
<tr><td>350</td><td>aaaaaabbbbb</td><td>C^+</td></tr>
<tr><td>340</td><td>aaaaaaabbbbb</td><td>C^+</td></tr>
<tr><td>330</td><td>b 332</td><td>C^0</td><td rowspan="9">20</td><td rowspan="9">16</td><td rowspan="9">4</td></tr>
<tr><td>320</td><td>aaabbbb</td><td>C^0</td></tr>
<tr><td>310</td><td>b</td><td>C^0</td></tr>
<tr><td>300</td><td>a</td><td>C^0</td></tr>
<tr><td>290</td><td>b</td><td>C^0</td></tr>
<tr><td>280</td><td>bbbb</td><td>C^0</td></tr>
<tr><td>270</td><td>bb</td><td>C^0</td></tr>
<tr><td>260</td><td>bb</td><td>C^0</td></tr>
<tr><td>250</td><td>b 259</td><td>C^0</td></tr>
<tr><td>240</td><td>bb</td><td>D^+</td><td rowspan="6">7</td><td rowspan="6">4</td><td rowspan="10">15</td><td rowspan="6">3</td><td rowspan="10">10</td></tr>
<tr><td>230</td><td>bb</td><td>D^+</td></tr>
<tr><td>220</td><td>a</td><td>D^+</td></tr>
<tr><td>210</td><td>a</td><td>D^+</td></tr>
<tr><td>200</td><td></td><td></td></tr>
<tr><td>190</td><td>a</td><td>D^+</td></tr>
<tr><td>180</td><td></td><td></td><td rowspan="3">0</td><td rowspan="3">0</td><td rowspan="3">0</td></tr>
<tr><td>170</td><td></td><td></td></tr>
<tr><td>160</td><td></td><td></td></tr>
<tr><td>50 ~</td><td>140 130 130 125 125 120 115
박oo, 손oo, 송oo</td><td>F</td><td>10</td><td>6</td><td>4</td></tr>
<tr><td>계</td><td>-</td><td>-</td><td>133</td><td>65</td><td>-</td><td>68</td><td>-</td></tr>
</table>

a, b는 점수대의 경계점과 떨어진 점수 분포를 뜻함, *는 재수강생 고득점자임

한편, 공학자가 새로운 제품을 만들고 시설물을 건설할 때는 이를 보고서에 담고 다른 사람들에게 발표할 때 개인의 도덕성이나 양심에 벗어나는 행위를 할 때는 그 해악이 매우 크다. 1994년 10월 서울 성수대교가 붕괴해 32명이 사망하고 이듬해 서울 삼풍백화점이 붕괴해 501명이 사망한 사고는 건설과 관리에 관련된 사람들의 윤리의식 부족이 큰 원인으로 꼽힌다. 따라서 공학자가 사회에 유익할 결과물을 내고 이를 발표할 때 지켜야 할 행동의 원칙을 정하는 판단기준이 필요한데 이것이 공학윤리(engineering ethics)이다. 범위를 넓혀 새로운 과학이나 기술이론을 개발하는 과학기술인들도 지켜야 할 윤리가 필요하다. 공학윤리는 타율적 규정이 아니라 스스로 준수하려 하고, 자기를 존중하고, 자기 방어이고 또 자기를 통제하는 자발적 규정이다.

한국과학기술단체총연합회는 2004년 11월 11일에 과학기술인은 전문가 집단으로 더 이상 모든 과학기술활동이 정당화 될 수만은 없고 특정 소속집단의 이익 추구보다는 인류의 공동선을 추구해야 하는 사회적 책임과 윤리의식의 중요성이 새롭게 부각할 필요가 있다는 등의 추진 배경으로 다음과 같은 과학기술인 헌장을 선포하였다.

과학기술인 헌장

과학기술은 인류 공동의 소중한 문화유산이며 합리성과 보편성을 바탕으로 인간의 삶에 큰 영향을 미치는 지식체계이다. 이에 우리 과학기술인은 무한한 탐구심과 창의력으로 삶의 질을 향상시키고 밝은 미래사회를 여는 주체로서의 긍지와 사명감을 지닌다.

1) 우리는 과학지식을 증진시키고 기술혁신을 추구하여 인류의 행복과 평화를 위해 노력한다.
2) 우리는 지속 가능한 과학기술 발전을 통하여 깨끗하고 안전한 자연 환경을 만든다.
3) 우리는 탐구의 자율성을 소중히 여기며 과학기술에 대한 사회적 책임과 윤리의식을 갖는다.
4) 우리는 과학기술의 발전을 위해 미래세대를 육성하는 데 힘을 기울인다.
5) 우리는 과학기술에 대한 국민의 관심과 이해를 높이는 데 앞장선다.
6) 우리는 과학기술을 통해 자랑스러운 전통문화의 발전과 민족 화합에 이바지한다.

2004년 11월 11일 한국과학기술단체총연합회

1951년 12월 23일 토목공학의 발전과 토목기술자의 지위향상, 토목기술의 연구와 지도, 토목정책에 대한 조사와 건의 그리고 정부, 기타 공공단체가 행하는 토목사업에 대한 기술

협조, 기술자간의 상호친목 및 협조의 목적으로 창립된 대한토목학회는 윤리강령을 채택하였다. 토목인의 윤리강령은 "사회복지에 공헌한다. 자질향상과 기술발전에 진력한다. 기술자로서 양심과 명예를 존중한다. 안전을 제일로 한다. 환경보전에 최선을 다한다. 제법규와 기준을 준수한다. 기술적 불합리를 적극 시정한다."가 그것이다. 대한토목학회는 학회에 게재되는 논문과 수행하는 연구결과물에 대해 연구윤리 및 진실성을 정립하기 위해 2008년 1월에 연구윤리 규정도 제정했다. 연구윤리 규정에는 총칙(목적, 연구윤리위원회), 연구부정행위(연구부정행위의 대상, 위조·변조, 표절, 동시 투고, 중복 게제), 심의 및 의결절차(연구부정행위의 판정, 이의제기, 비밀보장), 결과처리, 부칙으로 되었다.

한편, 울산대학교 건축학부도 일찌감치 학생들이 가져야 할 '우리의 마음가짐(our pledges)'과 '교수의 자세(faculty pledges)'를 채택하여 교육을 시행하고 있다. 최근에는 건축학 교육프로그램(KAAB)과 건축공학 심화프로그램(ABEEK) 인증도 받으면서 창작의 기쁨을 아는 전문 인력 교육을 위해 최선을 다하고 있다.

제2부 창의공학설계 과제

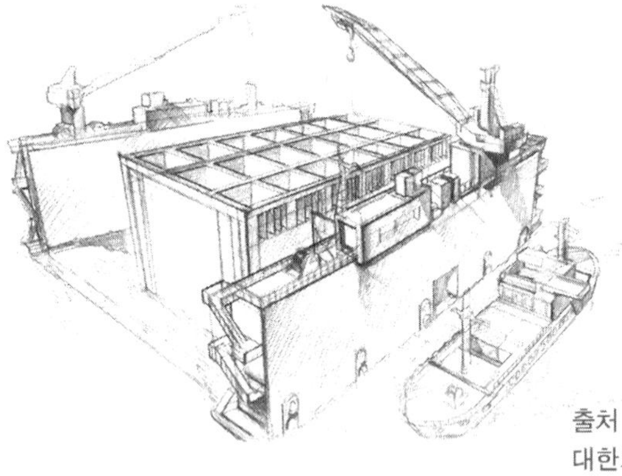

출처 : 대한토목회

7 도로계획 창의설계

1) 도로계획 과제 개요

미국인들에게 자동차 없는 생활을 생각한다는 것은 상상할 수 없을 정도로 자동차가 필수품이다. 따라서 미국은 자동차가 다니는 고속도로망이 대륙 전체에 걸쳐 거미줄처럼 놓여 있고 기타 여러 종류의 도로가 고속도로와 연결되어 있다.

[그림 7-1] 미국의 고속도로를 달리는 자동차 행렬

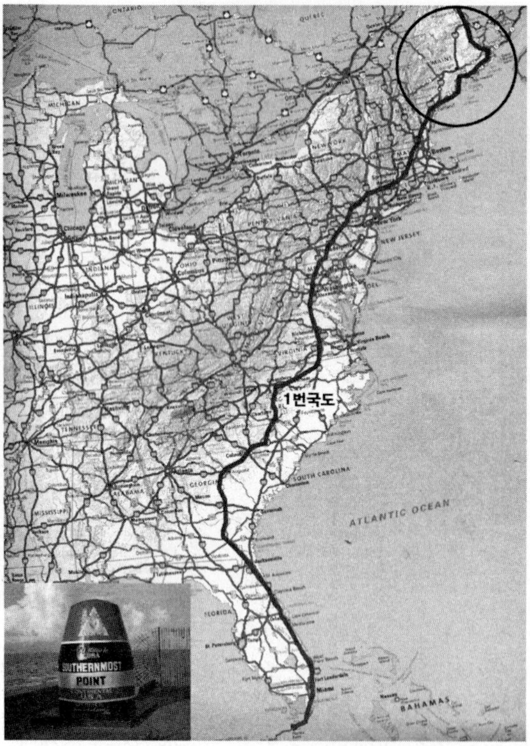

[그림 7-2] 미국 동부 고속국도망과 1번 국도

미국의 고속도로는 주와 주를 잇는 노선(Interstate Route), 국도 노선(U.S. Route), 주 또는 지방 노선(State or Provincial Route), 컨추리 또는 기타 노선(Country or Other Route), 교대 노선(Alternate Route) 또는 사업 노선(Business Route) 등이 있다. 북아메리카 대륙 동부 대서양 연안 지역을 따라서 맨 남측 플로리다(Florida)주 키웨스트(Key West)에서 시작한 1번 고속국도는 맨 북측 메인(Mane)주 (그림 7-2의 ○지역) 칼라이스(Calais)를 거쳐 캐나다 국경을 지난다.

메인주 북동측 대서양 연안의 작은 해안도시 해링톤(Harrington)시를 1번 고속국도와 ALT1번 고속국도가 지나고 있는데 주정부 교통국에서는 도심 부근에 높은 사고율이 생겨 이를 감소시키기 위해 이를 개선하려는 N.G. Garber와 L.A. Hoel의 도로계획 사례를 소개하면서 다른 창의설계 과제 해결에 도움을 주고자 한다.

2) 팀워크, 평가 및 창의적 사고

직접 경험하진 못한 어떤 과제에 대해서 보다 창의력 있는 성과를 내기 위해서 팀을 조직하여 팀워크(teamwork)에 의함이 좋다고 하였다. 팀원들이 서로 협력하여 보다 협력적인 팀이 되기 위해서는 아래 양식을 참조로 스스로 활동규칙을 제정할 필요가 있다. 활동규칙에는 팀장, 기록자, 진행 관찰자 등의 지정, 구성원 임무의 교대, 팀 회의 출결에 대한 사항, 개인별 과제 할당과 과업 불충실자에 대한 조치, 의사 합의방법의 결정, 상호 신뢰를 높이는 방안 등의 사항을 포함시킨다.

[표 7-1] 활동규칙 양식(예)

<table>
<tr><th colspan="2">토목환경 창의공학 ▢팀 활동규칙(1)</th></tr>
<tr><td>팀 명단</td><td>팀장 : 김 oo, 기록자 : 이 oo, 진행 관찰자 : 박 oo
팀원 : 정 oo, 송 oo, 오 oo, 조 oo, 차 oo, 손 oo,
윤 oo, 민 oo .... (이상 08학번)
강 oo, 고 oo, 류 oo, 배 oo ..... (이상 08학번 외)</td></tr>
<tr><td colspan="2">우리 팀 각자는 아래 활동규칙(1)을 지킬 것을 동의한다.

1. 서로 존중하고 예의를 갖추면서 과제를 수행한다.

2. 모든 회의에 성실히 참석하며, 불참이나 지각 등의 경우 감점을 받는다.

3. 과제를 해결하기 위해 정규 수업 시간 외에도 위 2 규칙을 준수한다.

4. 할당된 과제를 정해진 시간 안에 성실히 작성하여 제출한다.

5. 서로 다른 의견이 있을 때는 충분히 토론하며, 합의된 결정을 존중한다.

6. 팀 자체 평가에 적극적으로 참여하며 그 결과를 존중한다.

.
.
.

200 년 월 일

서명자 :</td></tr>
</table>

과업을 진행하면서 아래 양식을 참조로 회의 보고서를 작성한다.

[표 7-2] 회의 보고서(예)

<table>
<tr><th colspan="3">토목환경 창의공학 □팀 회의 보고서(1)</th></tr>
<tr><td>개 요</td><td colspan="2">· 지도교수 : 김 O O
· 회의일시 : 200 . . 09:00 ~ 10:50
· 참석자 : 이 oo 외 o 인 (결석자 박 oo, 정 oo 2명)</td></tr>
<tr><td>금번 안건</td><td colspan="2">1.
2.
3.</td></tr>
<tr><td>회의 결과</td><td colspan="2">1.
2.
3.
4.
5.</td></tr>
<tr><td>차기 안건</td><td colspan="2">1.
2.
3.</td></tr>
<tr><td>차기모임
준비사항</td><td colspan="2">1.
2.
3.</td></tr>
<tr><td>서 명</td><td>기록자 : 팀장 :
관찰자 :</td><td>지도교수
확인 :</td></tr>
</table>

주어진 과제를 해결하는 과정에 팀 구성원들이 스스로 어떤 열의와 노력을 기울었는가를 개인 스스로 그리고 상대 팀원을 대상으로 다음 형식을 참조로 평가표를 작성한다.

[표 7-3] 자체평가표 및 상대평가표(예)

팀 공헌도 자체평가표 ▢팀 김 이박 200 . .			
- 팀 내에서 자기 자신의 참여도 -	거의없음	보통	생산적
나는 토론 참여와 맡은 임무 수행에 적극적으로 참여하였다.	0	1	2
나는 최선을 다해서 나의 능력과 기술을 팀에 투입하였다.	0	1	2
나는 의사소통에 능숙하다 생각하며, 다른 팀원이 하는 말을 경청하였다.	0	1	2
나는 타인과 협동심이 풍부하며 팀 내 갈등을 해소하려고 애썼다.	0	1	2
나는 팀에 보탬이 되도록 노력했으며, 내 고집을 주장 않았다.	0	1	2
나는 나보다 능력이 부족한 다른 팀원을 도와주는데 앞장섰다.	0	1	2

팀원 공헌도 상대평가표 ▢팀 200 . .						
항목 / 팀원	작업의 질 (0.25)	창의력 (0.15)	참여태도 (0.20)	시간엄수 (0.25)	실용성 (0.15)	최종점수*
김 oo						
이 oo						
박 oo						
정 oo						
최 oo						
강 oo						
합 계						
* 최종점수 = (팀원 수) × (항목별 점수 × 해당 가중치)의 합계						

메인주 해링톤 도시를 지나는 고속국도의 사고율을 줄이기 위한 도로계획 창의설계 과제를 수행하기 위해 우선 해당 과제와 연관된 아이디어를 찾는 브레인스토밍 회의를 통해 아래 브레인스토밍 실습지를 메꾸어 본다.

[표 7-4] 브레인스토밍 실습지(예)

<table>
<tr><td colspan="2">팀명 : ▢ 팀
※ 주제 : 미국 메인주 해링톤 도로계획 창의설계</td><td>일자 : 2008. .
총점 : 41점</td></tr>
<tr><td>1. 미국도로</td><td>21. 산업인구</td><td>41. 통행거리</td></tr>
<tr><td>2. 메인주</td><td>22. 통과교통</td><td>42. 사고구간</td></tr>
<tr><td>3. 해링톤</td><td>23. 자동차수</td><td>43. 고용인구</td></tr>
<tr><td>4. 도로계획</td><td>24. 사업체수</td><td>44. 상점수</td></tr>
<tr><td>5. 도로</td><td>25. 사고</td><td>45. 사고율</td></tr>
<tr><td>6. 계획</td><td>26. 통행속도</td><td>46. 우회도로</td></tr>
<tr><td>7. 창의설계</td><td>27. 소음</td><td>47. 생태계변화</td></tr>
<tr><td>8. 설계</td><td>28. 대기질</td><td>48. 공장수</td></tr>
<tr><td>9. 교차점</td><td>29. 건설비용</td><td>49. 세금손실</td></tr>
<tr><td>10. 교통계획</td><td>30. 수목</td><td>50. 기존도로</td></tr>
<tr><td>11. 교통량추정</td><td>31. 이주가옥</td><td>51. 학교수</td></tr>
<tr><td>12. 인구수</td><td>32. 도로신설</td><td>52. 도로개량</td></tr>
<tr><td>13. 주택수</td><td>33. 교량신설</td><td>53. 대안</td></tr>
<tr><td>14. 도로포장</td><td>34. 타당성조사</td><td>54.</td></tr>
<tr><td>15.</td><td>35.</td><td>55.</td></tr>
<tr><td>16.</td><td>36.</td><td>56.</td></tr>
<tr><td>17.</td><td>37.</td><td>57.</td></tr>
<tr><td>18.</td><td>38.</td><td>58.</td></tr>
<tr><td>19.</td><td>39.</td><td>59.</td></tr>
<tr><td>20</td><td>40.</td><td>60.</td></tr>
</table>

도로계획 과제 개요와 브레인스토밍 등을 참조하여 마인드 맵을 작성해 본다.

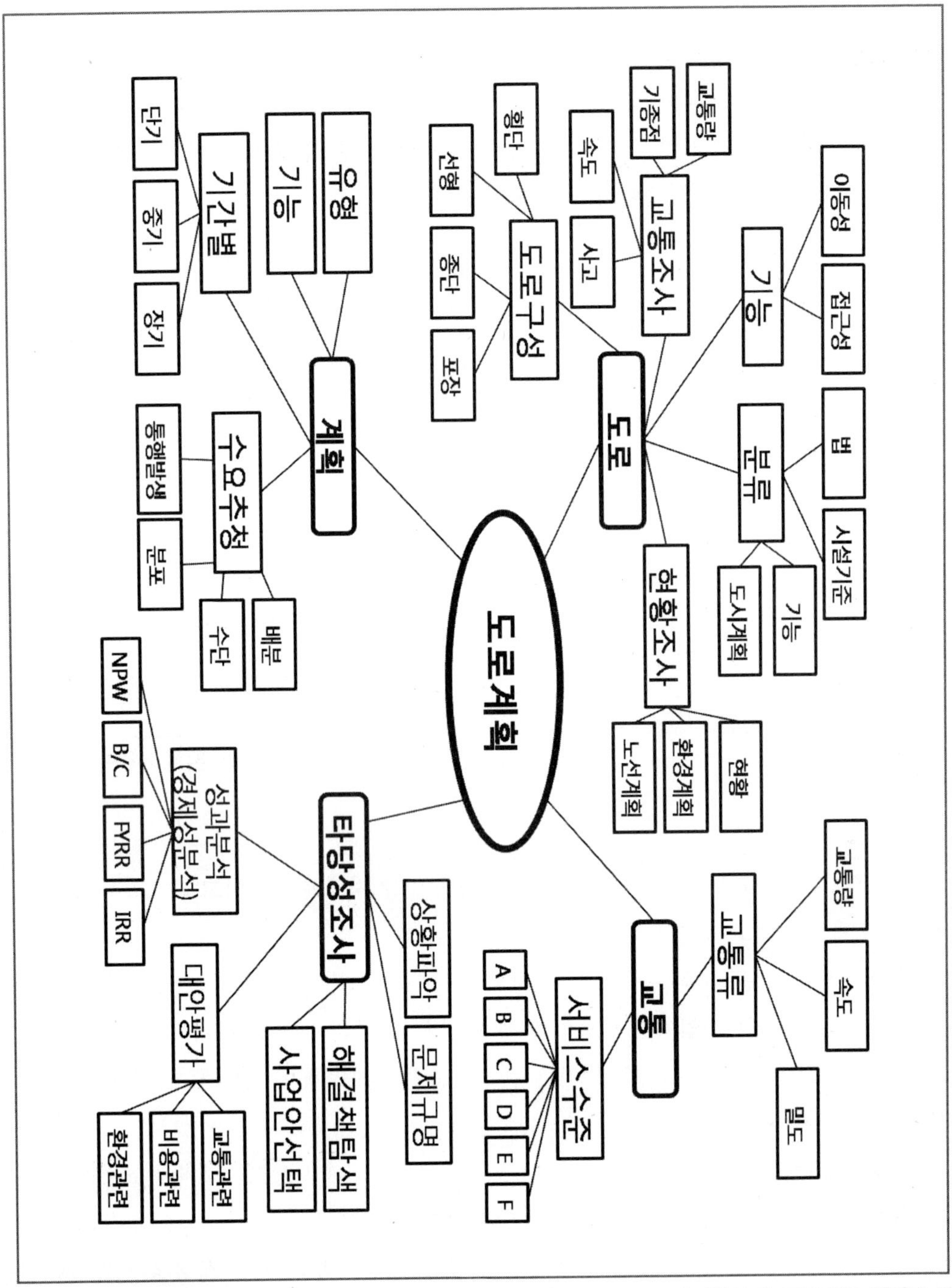

[그림 7-3] 도로계획 마인드 맵

3) 도로계획 창의설계

(1) 상황파악

사업계획의 촛점인 도시의 중심지는 메인만의 하구인 해링톤강의 제방위에 만나는 US 1과 US 1A도로의 교차지점 근처에 위치하고 있다.

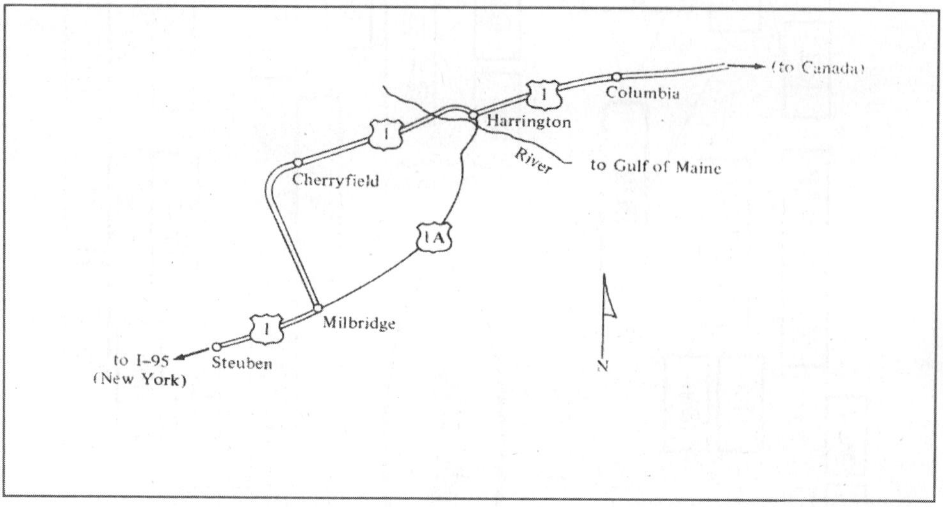

[그림 7-4] 메인주 헤링톤을 지나는 고속도로

해링톤의 주택은 553동이고, 그 중 420동은 연구대상 지역에 위치하고 그 중 350동은 도시 중심부에 위치하고 있다.

젊은 사람들의 고용 기회 부족으로 도시를 떠나 도시 인구는 감소되고 있으며, 도시 산업의 대부분은 농업과 어업이며 도로의 노선 변경은 환경 파괴 뿐만 아니라 도시 생활에도 영향을 주게 될 것이다. 연구 대상 지역내에는 10개의 사업체가 있으며, 소매점의 20%는 관광 관련 소매점이다.

1일 평균 교통량은 2,620대이고, 그 중 69%는 통과 교통이고 315는 지역내 교통이다. 교통계획이란 현재의 인구, 경제, 토지이용과 관련한 교통체계를 분석하고, 장래의 인구, 경제, 토지이용을 예측하여 교통대안 사업을 설정하여 이를 평가하며, 집행계획 및 재원조달 등에 관한 정책적 제안 제시 등을 포함하는 일련의 과정을 말한다.

(2) 문제의 규명

메인 주정부 교통국은 도심 부근에 위치하고 있는 도로상에 발생하는 '높은 사고율의 감소'를 주목적으로 US 1A 도로를 개선하려고 한다.

이를 위해 개선되어야 할 교통문제로는 노선 1A의 교통량을 도심으로 연결하기에는 좁은 교량, 불량한 평면 및 종단선형, 그리고 US 1A 도로와 US 1 도로가 만나는 위험한 교차로이다. 도심 근처에 위치하고 있는 US 1A의 교통사고율은 주 평균 사고율의 4배이다. 제안된 사업의 두 번째 목적은 도로의 평균 운행속도를 증가시켜 통과교통에 대한 서비스수준을 개선하는 것이다.

사업안에 대한 효과척도는 사고율, 통행속도 및 건설비용이다. 그 밖에 각 대안별로 이주해야 할 사업체와 주택 수, 소음 및 대기의 질, 자연생태계의 변화에 관한 영향 등을 고려한다. 이 계획에서 비사용자에 대한 영향을 측정하기 위한 기준은 이주 사업체와 주택 수, 대기의 질, 소음수준 및 영향을 받게 될 수목 등이 될 것이다.

[그림 7-5] 시가지 도로와 차량

(3) 해결책 모색

교통국은 그림에서 보는 4개의 노선대안과 사업을 실시하지 않는 대안 즉 현상유지 대안(do-nothing alternatives)에 대해서 해결책을 강구하고자 한다. 모든 노선은 해링톤 도심에서 약 5km 남서쪽 지점인 서부 해링톤시에서 시작하여 도심의 북동부 지점에서 끝난다.

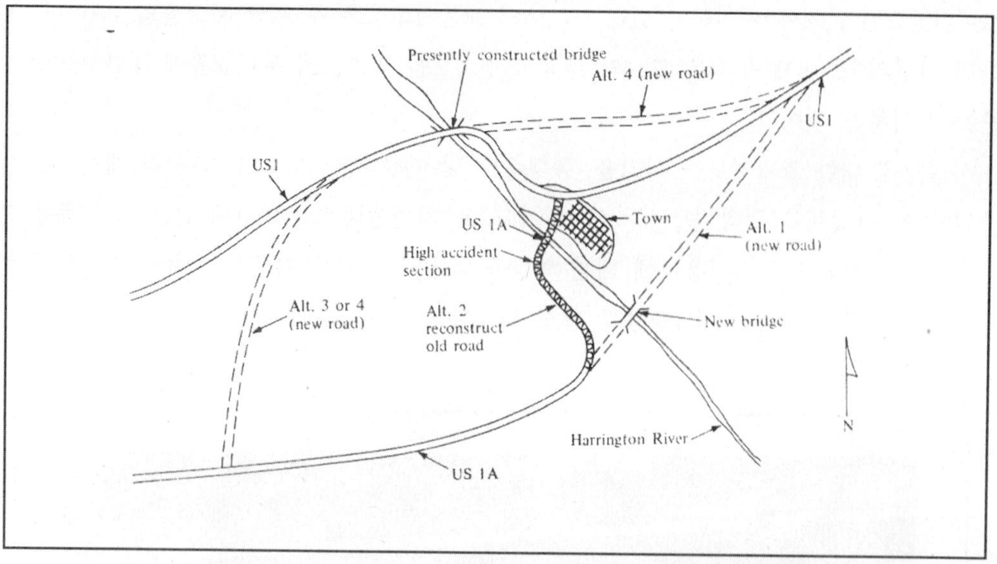

[그림 7-6] 도로계획 대안노선

고려하고 있는 대안 4가지는 다음과 같다.

① 대안 1 : 해링톤 강을 횡단하여 도시의 남쪽을 우회하는 도로를 신설한다. 도로는 2차선으로 차선폭은 3.6m이며, 갓길폭은 2.4m이고, 최소 통행로의 폭은 36m이다. 새로운 교량은 시내 인근 기존교량의 약 0.8km 남쪽에 건설될 것이다.

② 대안 2 : 도시로 진입하는 기존 노선 1A를 이용하지만, 전 노선에 걸쳐 평면 및 종단선형을 개선하고 새로운 교량을 건설하는 사업안이다. 도로의 기하구조는 대안1과 같다.

③ 대안 3 : 해링톤강 서쪽 지역에 새로운 도로를 신설하여 US 1번 도로와 합류하여 이미 건설된 교량을 이용하여 도시를 통과하게 된다. 기하구조는 역시 대안1과 같다.

④ 대안 4 : 대안 3과 같이 신설도로를 건설하나 교량을 건너 도심을 우회하여 새로운 신설도로를 더 건설하여 통과한다.

(4) 성과분석

현상유지 대안을 포함한 각 대안별로 효과척도가 계산된다. 각 대안에 대한 평균속도, 사고율, 사업비 등 효과척도를 계산한 결과와 평가기준의 결과에 따른 대안별 순위가 표에 나타나 있다.

[표 7-5] 대안별 효과척도

기 준		대안				
		0	1	2	3	4
속도(kph)		40	88	48	48	88
거리(km)		5.9	5.1	6.1	6.1	5.9
통행시간(분)		8.9	3.5	7.6	7.6	4.0
사고계수(주 평균 상대값)		4.0	1.2	3.5	2.5	0.6
비용(백만$)		0	1.50	1.58	1.18	1.54
이전 주택수		0	0	7	3	0
통행량	현재	2,620	1,400	2,620	2,520	1,250
	장래	4,350	2,325	4,350	4,180	2,075
대기질($\mu g/m^3$CO)		825	306	825	536	386
소음(dBA)		73	70	73	73	70
세금손실		없음	약간	높음	보통	약간
수목면적(ha)		없음	약간	약간	10	11
.....						

※ 참고 자료

- 교통조사 및 예측
- 경제조사 및 평가
- 도로의 구성요소
- 교통류 특성
- 도로 현황조사 및 계획
- 도로 노선과 횡단구성
- 도로 운송비와 경제효과 계산
- 대기질 및 소음 개요

[표 7-6] 대안의 순위

기 준	대안				
	0	1	2	3	4
통행시간	4	1	3	3	2
사고계수	5	2	4	3	1
공사비용	1	3	5	2	4
이전 주택수	1	1	3	2	1
대기의 질	4	1	4	3	2
소음	2	1	2	2	1
세금손실	1	2	4	3	2
수목면적	1	2	2	3	4

(5) 대안들의 평가

각 대안은 제시된 기준에 따라 개선의 정도를 평가하기 위하여 다른 대안의 개선항목과 비교된다. 도로 재배치계획 사례에서 효과척도와 사업비용과의 관련성 등을 살펴본다.

① 운행속도 : 각 대안은 현 상태보다 통행시간을 단축하고 있다. 1안과 2안이 좋은 대안이며, 2안과 3안은 현 상태에 비해 크게 개선되지 않은 대안이다.

② 사고율 : 사고기록에서 가장 좋게 평가된 사업안은 4안이며, 다음으로 1, 3, 2안의 순이다.

③ 비용 : 대안3이 118만 달러로 비용이 가장 낮으나 비용-효과 수치를 나타낸 그림에서 볼 수 있듯이 대안1과 4가 통행시간과 사고율에서 대안 2와 3보다 더 많은 개선효과를 가져오기 때문에 더 선호도가 높다.

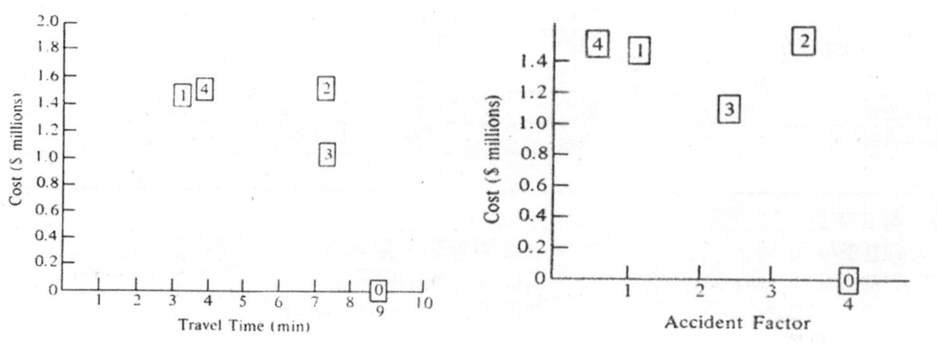

[그림 7-7] 노선대안별 비용과 통행시간·사고율

④ 이전주택 : 대안 3과 2가 채택될 경우 각각 3동과 7동의 주택이 이전된다.

⑤ 대기의 질 : 대안 1이 가장 높고, 그 다음으로 대안 4, 3, 2의 순서이다.

⑥ 소음수준 : 대안1과 4가 상대적으로 낮다.

⑦ 세금손실 : 대안1과 4가 낮고, 대안 3은 중간이며, 대안 2가 가장 높다.

⑧ 수목지역 : 대안 3과 4는 각각 10에이커와 11에이커에 해당하는 수목지역 손실을 가져 오고, 대안 1은 약간의 손실이 있고, 대안 2는 손실이 없다.

⑨ 유출(流出, run-off) : 대안 1과 2는 약간, 대안 3과 4는 상당히 많다.

(6) 사업안의 선택과 설계

대안들의 평가에서 비용의 관점에서 본다면 대안 3이 가장 낮은 비용으로 통행시간과 사고율을 개선할 수 있기 때문에 선택될 것이다. 더 많은 비용이 투자될 수 있다면, 대안 1과 4도 고려될 것이다. 대안 1이 대안 4보다 비용이 저렴하고, 지역사회의 파급효과에 관련한 효과척도에서도 대안 3보다 우월하기 때문에 대안1이 가장 선택될 가능성이 높다. 선택과정에서 각 대안이 재검토되고, 시민들이나 지방의회와 단체장으로 부터 많은 의견들이 나오게 될 것이다. 이러한 것들은 환경이나 지역사회의 역효과가 최소화되도록 설계과정에서 참작될 것이다.

본 사례에서는 강을 횡단하는 새로운 교량과 도시 남쪽에 새로운 도로를 건설하는 대안 1이 선정되어 건설에 높은 우선권이 주어진다. 이에 따라 교량과 도로의 설계안을 준비한다. 타당성 조사와 각종 평가(교통영향, 환경영향)를 토대로 우선 기본설계를 시행하며, 기본설계를 구체화하여 실제 시공에 필요한 실시설계를 시행한다.

도로계획 기본설계의 설계도면으로는 위치도(축척 1/5,000~1/50,000 지형도), 종단면도 및 평면도(축척 1/5,000~1/1,200), 횡단면도(축척 1/100~1/200), 구조물도(축척 1/100~1/200) 기타 필요한 도면이 있어야 한다. 설계도면이 준비되면 건설에 필요한 비용을 상세하게 추정하고, 사업을 입찰공고 한다. 가장 낮은 입찰가격을 제시하고 그 밖의 다른 조건을 만족시키는 건설회사가 계약권을 획득하며, 그 계약에 의해 도로가 건설된다.

도로는 완성된 후 도로의 유지관리 및 운영에 책임이 있는 관할 부서로 넘겨진다. 그 후 도로가 건설 목적에 얼마나 성공적으로 사용되는지 후속연구(monitering)가 있어야 할 것이며, 필요한 경우 도로의 성과를 개선하기 위한 부수적인 공사가 수행될 수도 있다.

도로계획 창의설계의 최종 결과물로 다음과 같은 설계도면이 제시된다.

- 위치도(축척 1/5,000~1/50,000 지형도)
- 평면도(축척 1/5,000~1/1,200)
- 종단면도(축척 1/5,000~1/1,200)
- 횡단면도(축척 1/100~1/200)
- 주요 구조물도(축척 1/100~1/200)

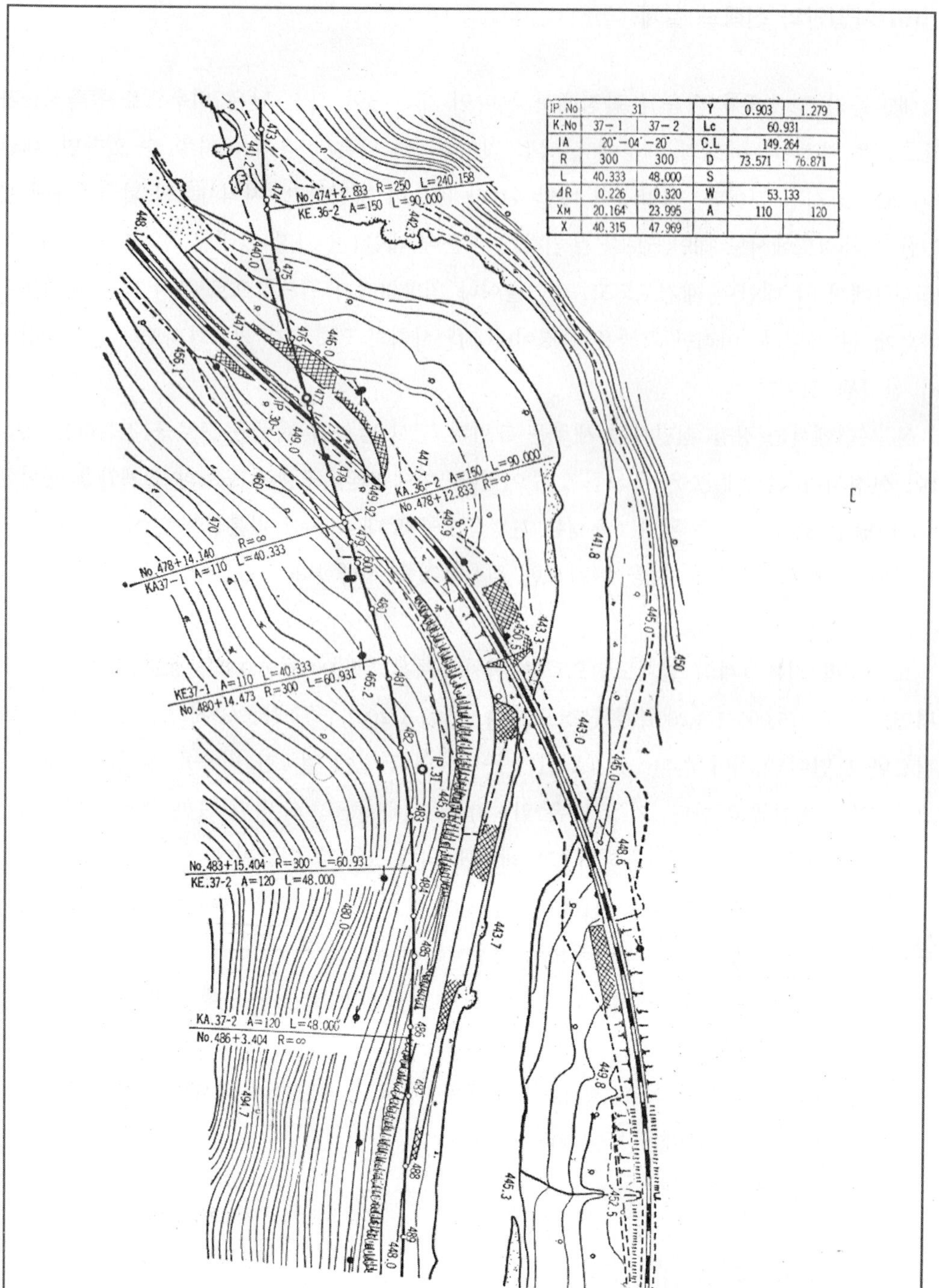

IP.No	31		Y	0.903	1.279
K.No	37-1	37-2	Lc	60.931	
IA	20°-04′-20″		C.L	149.264	
R	300	300	D	73.571	76.871
L	40.333	48.000	S		
⊿R	0.226	0.320	W	53.133	
XM	20.164	23.995	A	110	120
X	40.315	47.969			

[그림 7-8] 계획도로 평면도

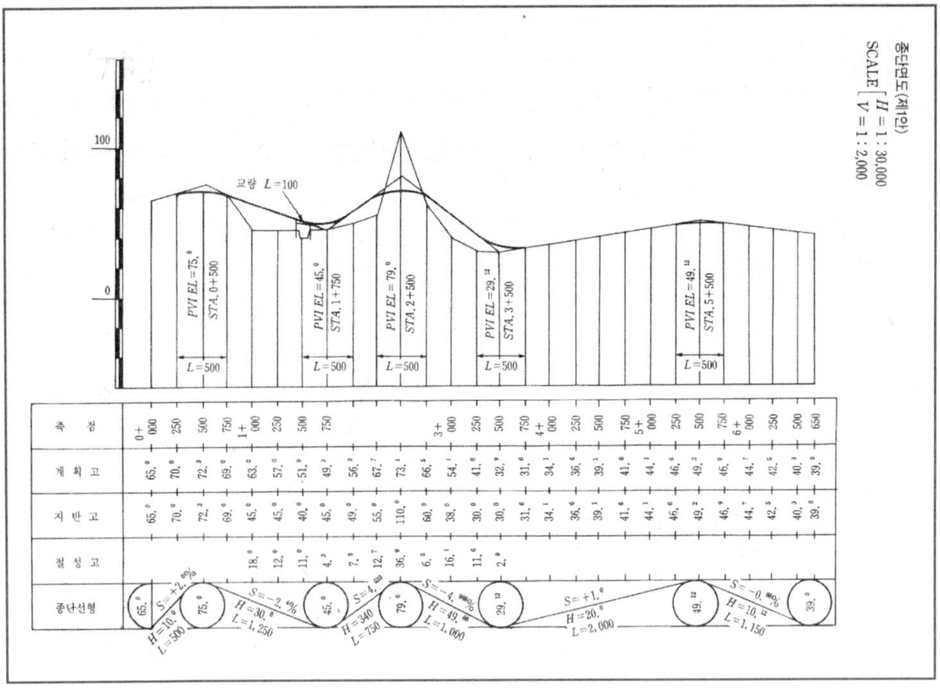

[그림 7-9] 계획도로 종단면도

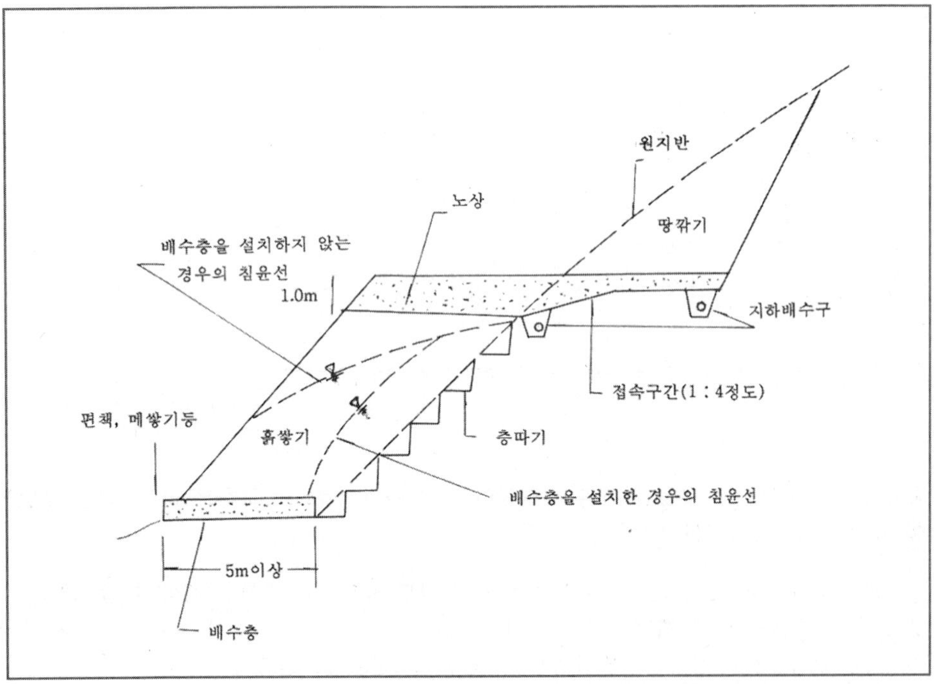

[그림 7-10] 계획도로 횡단면도

[실습]

이 장에서 다룬 도로계획 창의설계 과정과 방법을 참조하여 팀별로 다음에서 소개하는 경사면보호, 암거·교량, 정수장, 폐기물처리장, 건축공정 과제* 중 하나를 택하여 팀워크, 평가 및 창의적 사고, 창의설계 과정을 거쳐 그 과업을 발표하고 보고서를 자체평가서와 함께 제시하라**.

* 담당교수가 해마다 새로운 과제를 제시함이 좋을 것임. (예:도로교차로 설계, 하천(제방)시설 설계, 옹벽공사 공정 설계 등)

** 본 교과를 수강한 대학 신입생들의 첫학기 후반부 창의설계 과제별(팀별) 활동과정과 최종 발표회 성과품을 아래 홈페이지에서 볼 수 있음.

⇨ http://www.ulsan.ac.kr/ → 대학소개 → 강의자료공개 → 공과대학
→ 건설환경공학부 G03207

8 경사면보호 창의설계

1) 경사면보호 과제 개요

[그림 8-1] 신설도로의 절토 경사면 보호공

평지가 아닌 구릉이나 산지가 있는 지역에 택지나 공장 등을 신축할 때는 평탄한 대지를 확보하기 위하여 구릉이나 산지의 토사나 암석을 굴착(절토, Cutting)할 필요가 있다. 구릉이나 산지에 도로 등을 건설할 때도 도로면 위 측의 토사를 마찬가지로 굴착하여 공사를 하게 된다. 굴착된 면은 구조물로 수직되게 할 수도 있지만 보통 경사면을 이루게 되며 이 경사면은 적절한 대책을 강구하지 않으면 경사면이 붕괴되어 그 토지를 활용하지 못하게 된다.

본 과제를 수행하기에 앞서 우선 우리 주변에서 여러 형태의 경사면 보호공이 시공된 현장을 찾아 현장사진을 촬영하고 관찰한 현장에 대해 기술할 필요가 있다. 경사면은 토사로 된 곳과 암반으로 된 곳을 조사하고, 사면 아래 부분에 석축이나 옹벽과 같은 구조물이 있는 곳과 없는 곳도 조사할 필요가 있다. 경사면 보호를 위한 여러 가지 종류의 공법과 배수처리 공법도 참조할 필요가 있다. 그리고 팀원의 창의적 사고를 거쳐 경사면 보호를 위한 방법을 찾고 개략적 설계도면을 결과로 제출하고 마무리를 한다.

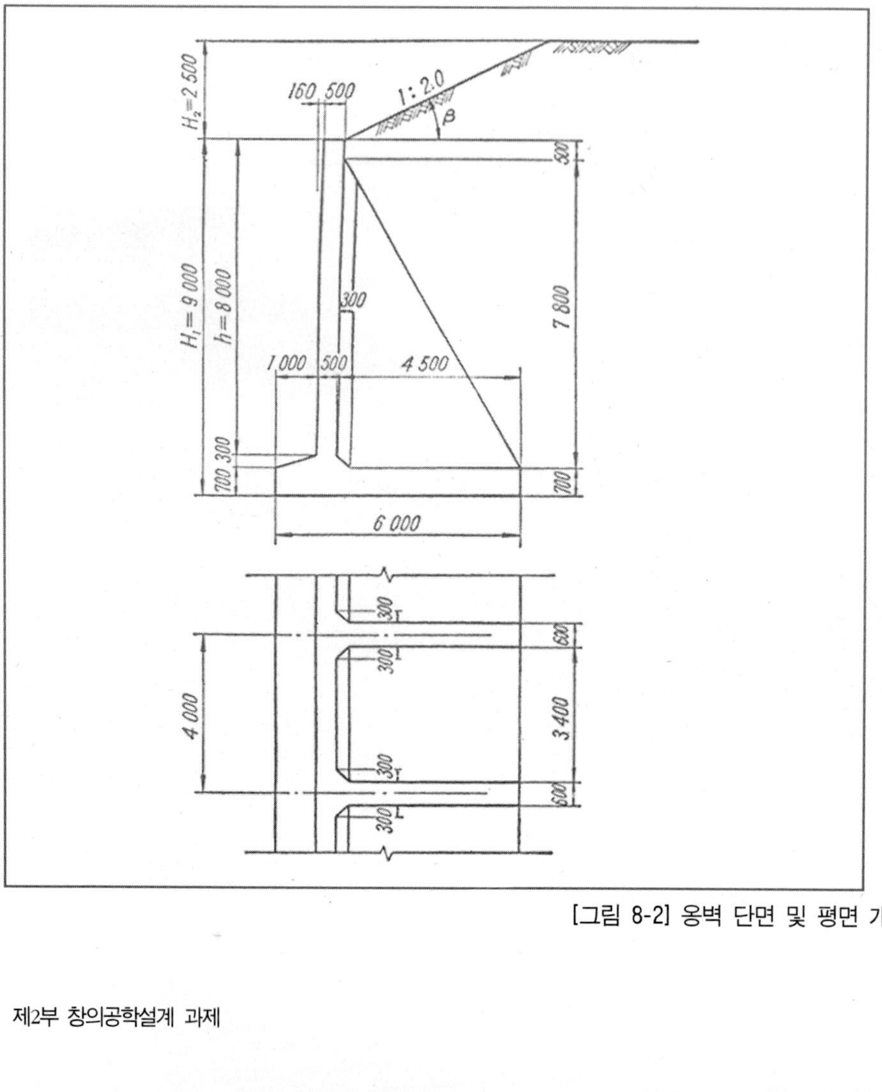

[그림 8-2] 옹벽 단면 및 평면 개요도

[그림 8-3] 경사면 공사 현장사진

21 팀워크, 평가 및 창의적 사고

팀에게 부여된 창의설계 과제를 현장답사와 사진을 통해 개괄적으로 이해하고 팀의 활동규칙, 보고서 양식을 정한 후 팀 공헌도 평가표를 만든다. 그리고 과제에 대한 브레인스토밍과 마인드 맵을 작성하여라. 본 과제에 대한 마인드 맵의 가장 초기 항목(key word)으로 토공 일반, 경사면(비탈면), 사면보호 공법, 옹벽공, 배수처리 등이 포함될 수 있다.

[표 8-1] 활동규칙

<table>
<tr><th colspan="2">토목환경 창의공학 경사 □팀 활동규칙(1)</th></tr>
<tr><td>팀 명단</td><td>팀장 : 김 oo, 기록자 : 이 oo, 진행 관찰자 : 박 oo
팀원 : 정 oo, 송 oo, 오 oo, 조 oo, 차 oo, 손 oo,
윤 oo, 민 oo .... (이상 08학번)
강 oo, 고 oo, 류 oo, 배 oo ..... (이상 08학번 외)</td></tr>
<tr><td colspan="2">우리 팀 각자는 아래 활동규칙(1)을 지킬 것을 동의한다.

1. 서로 존중하고 예의를 갖추면서 과제를 수행한다.
2. 모든 회의에 성실히 참석하며, 불참이나 지각 등의 경우 감점을 받는다.
3. 과제를 해결하기 위해 정규 수업 시간 외에도 위 2 규칙을 준수한다.
4. 할당된 과제를 정해진 시간 안에 성실히 작성하여 제출한다.
5. 서로 다른 의견이 있을 때는 충분히 토론하며, 합의된 결정을 존중한다.
6. 팀 자체 평가에 적극적으로 참여하며 그 결과를 존중한다.
.
.
.

200 년 월 일

서명자 :</td></tr>
</table>

[표 8-2] 보고서 양식

<table>
<tr><th colspan="3">토목환경 창의공학 경사 □팀 회의 보고서(1)</th></tr>
<tr><td>개 요</td><td colspan="2">· 지도교수 : 김 O O
· 회의일시 : 200 . .
· 참여자 : 이 oo 외 o 인</td></tr>
<tr><td>금번 안건</td><td colspan="2">1.
2.
3.</td></tr>
<tr><td>회의 결과</td><td colspan="2">1.
2.
3.
4.</td></tr>
<tr><td>차기 안건</td><td colspan="2">1.
2.
3.</td></tr>
<tr><td>차기모임
준비사항</td><td colspan="2">1.
2.</td></tr>
<tr><td>서 명</td><td>기록자 : 팀장 :
관찰자 :</td><td>지도교수
확인 :</td></tr>
</table>

[표 8-3] 팀 공헌도 자체평가표(안)

팀 공헌도 자체평가표 경사 □팀 김 이박 200 . .			
- 팀 내에서 자기 자신의 참여도 -	거의없음	보통	생산적
나는 토론 참여와 맡은 임무 수행에 적극적으로 참여하였다.	0	1	2
나는 최선을 다해서 나의 능력과 기술을 팀에 투입하였다.	0	1	2
나는 의사소통에 능숙하다 생각하며, 다른 팀원이 하는 말을 경청하였다.	0	1	2
나는 타인과 협동심이 풍부하며 팀 내 갈등을 해소하려고 애썼다.	0	1	2
나는 팀에 보탬이 되도록 노력했으며, 내 고집을 주장 않았다.	0	1	2
나는 나보다 능력이 부족한 다른 팀원을 도와주는데 앞장섰다.	0	1	2

[표 8-4] 팀원 공헌도 상대평가표(안)

팀원 공헌도 상대평가표 □팀 200 . .						
항목 팀원						
이 OO						
박 OO						
정 OO						
최 OO						
강 OO						
김 OO						
합 계						
* 최종점수 = (팀원 수) × (항목별 점수 × 해당 가중치)의 합계						

[표 8-5] 브레인스토밍 실습지

<table>
<tr><td colspan="2">팀명 : 경사 ▢ 팀
※ 주제 : 경사면보호 창의설계</td><td>일자 : 200 . .
총점 : 점</td></tr>
<tr><td>1. 토공 일반</td><td>21.</td><td>41.</td></tr>
<tr><td>2. 경사면(비탈면)</td><td>22.</td><td>42.</td></tr>
<tr><td>3. 사면보호 공법</td><td>23.</td><td>43.</td></tr>
<tr><td>4. 옹벽공</td><td>24.</td><td>44.</td></tr>
<tr><td>5. 배수처리</td><td>25.</td><td>45.</td></tr>
<tr><td>6.</td><td>26.</td><td>46.</td></tr>
<tr><td>7.</td><td>27.</td><td>47.</td></tr>
<tr><td>8.</td><td>28.</td><td>48.</td></tr>
<tr><td>9.</td><td>29.</td><td>49.</td></tr>
<tr><td>10.</td><td>30.</td><td>50.</td></tr>
<tr><td>11.</td><td>31.</td><td>51.</td></tr>
<tr><td>12.</td><td>32.</td><td>52.</td></tr>
<tr><td>13.</td><td>33.</td><td>53.</td></tr>
<tr><td>14.</td><td>34.</td><td>54.</td></tr>
<tr><td>15.</td><td>35.</td><td>55.</td></tr>
<tr><td>16.</td><td>36.</td><td>56.</td></tr>
<tr><td>17.</td><td>37.</td><td>57.</td></tr>
<tr><td>18.</td><td>38.</td><td>58.</td></tr>
<tr><td>19.</td><td>39.</td><td>59.</td></tr>
<tr><td>20.</td><td>40.</td><td>60.</td></tr>
</table>

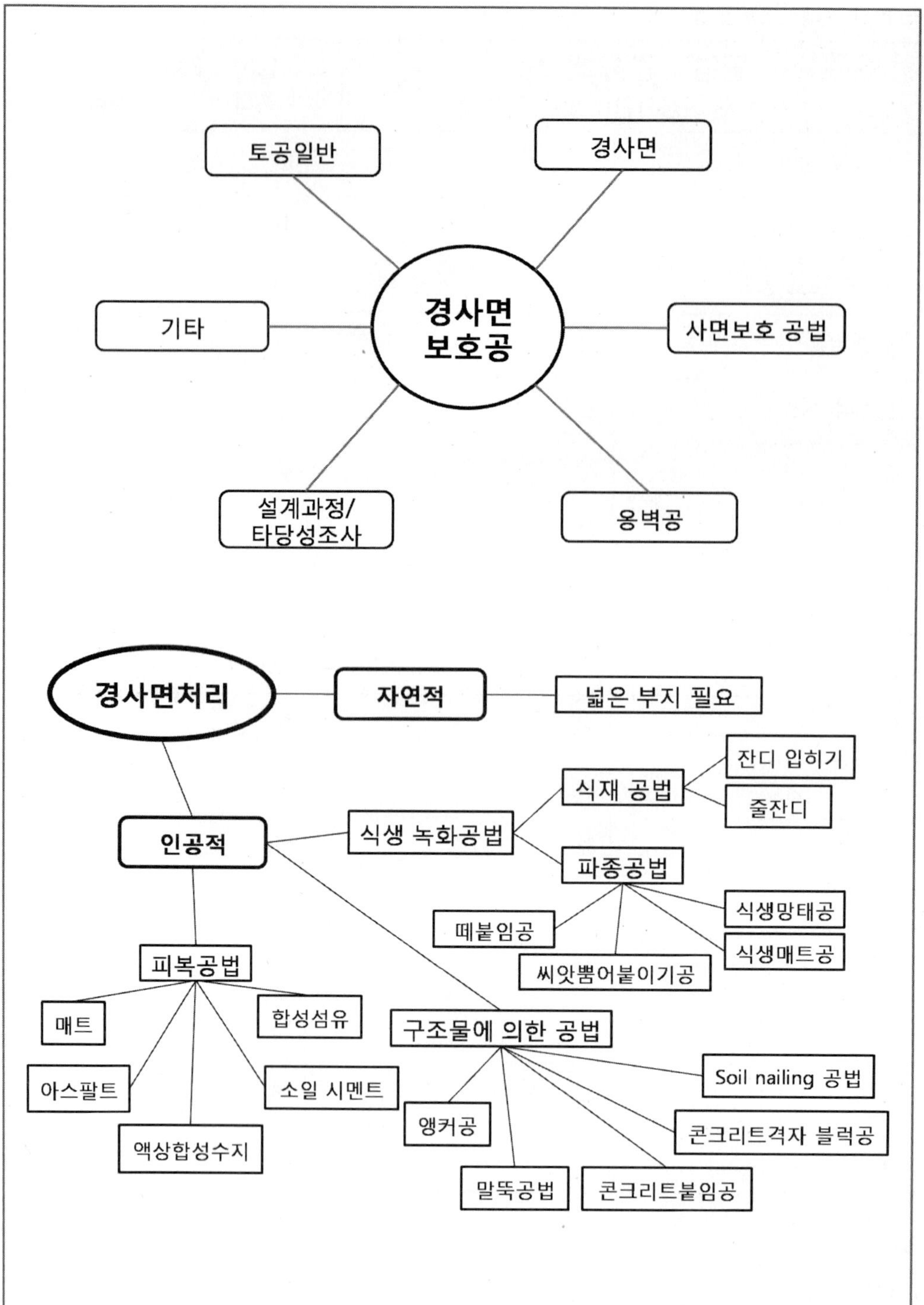

[표 8-4] 경사면 보호공 마인드 맵

31) 경사면보호 창의설계(설계과정 / 타당성조사)

(1) 문제주시 / 상황파악

(2) 아이디어 탐색 / 문제의 규명

(3) 계획 / 해결책 모색

(4) 모델제작 / 성과분석

(5) 시험 / 대안들의 평가

(6) 경사면보호 설계 / 사업안의 선택과 계획안의 구체화

4) 창의설계 활동 정리 및 평가

[표 8-6] 최종 보고서 개요(※ 보고서 별첨)

토목환경 창의공학 □팀 경사면보호 창의설계 최종 보고서		
개 요	· 지도교수 : 김 O O · 회의일시 : 200 . . · 참여자 : 김 oo 외 o 인	
활동 개요	1. 2. 3.	
느낀 점	1. 2. 3.	
개선할 점	1. 2. 3.	
아쉬운 점	1. 2.	
서 명	기록자 : 팀장 : 관찰자 :	지도교수 확인 :

[표 8-7] 경사면 관련 예상 설계도면

- 경사면 사진	- 경사면 평면도
- 경사면 정면도	- 경사면 단면도
- 배수 관련 도면	- 옹벽 관련 도면
- 필요 도면	- 필요 도면

[표 8-8] 경사 ○팀 파워포인트 내용

- 과제 제목 및 팀원		

[표 8-9] 팀 공헌도 최종 자체평가표

<table>
<tr><th colspan="4">팀 공헌도 자체평가표 경사 □팀 학번----- 김 이박
200 . .</th></tr>
<tr><td>- 팀 내에서 자기 자신의 참여도 -</td><td>거의없음</td><td>보통</td><td>생산적</td></tr>
<tr><td>나는 토론 참여와 맡은 임무 수행에 적극적으로 참여하였다.</td><td>0</td><td>1</td><td>2</td></tr>
<tr><td>나는 최선을 다해서 나의 능력과 기술을 팀에 투입하였다.</td><td>0</td><td>1</td><td>2</td></tr>
<tr><td>나는 의사소통에 능숙하다 생각하며, 다른 팀원이 하는 말을 경청하였다.</td><td>0</td><td>1</td><td>2</td></tr>
<tr><td>나는 타인과 협동심이 풍부하며 팀 내 갈등을 해소하려고 애썼다.</td><td>0</td><td>1</td><td>2</td></tr>
<tr><td>나는 팀에 보탬이 되도록 노력했으며, 내 고집을 주장 않았다.</td><td>0</td><td>1</td><td>2</td></tr>
<tr><td>나는 나보다 능력이 부족한 다른 팀원을 도와주는데 앞장섰다.</td><td>0</td><td>1</td><td>2</td></tr>
<tr><td colspan="4">[소감] 과제를 마치면서 :</td></tr>
</table>

[표 8-10] 팀원 공헌도 최종 상대평가표

<table>
<tr><td colspan="7">팀원 공헌도 상대평가표 경사 □팀 (팀장 박이김)
200 - . .</td></tr>
<tr><td>항목
팀원</td><td>작업의 질
(0.25)</td><td>창의력
(0.15)</td><td>참여태도
(0.20)</td><td>시간엄수
(0.25)</td><td>실용성
(0.15)</td><td>최종점수*</td></tr>
<tr><td>김 oo</td><td></td><td></td><td></td><td></td><td></td><td></td></tr>
<tr><td>이 oo</td><td></td><td></td><td></td><td></td><td></td><td></td></tr>
<tr><td>박 oo</td><td></td><td></td><td></td><td></td><td></td><td></td></tr>
<tr><td>정 oo</td><td></td><td></td><td></td><td></td><td></td><td></td></tr>
<tr><td>최 oo</td><td></td><td></td><td></td><td></td><td></td><td></td></tr>
<tr><td>강 oo</td><td></td><td></td><td></td><td></td><td></td><td></td></tr>
<tr><td></td><td></td><td></td><td></td><td></td><td></td><td></td></tr>
<tr><td></td><td></td><td></td><td></td><td></td><td></td><td></td></tr>
<tr><td></td><td></td><td></td><td></td><td></td><td></td><td></td></tr>
<tr><td></td><td></td><td></td><td></td><td></td><td></td><td></td></tr>
<tr><td></td><td></td><td></td><td></td><td></td><td></td><td></td></tr>
<tr><td>합 계</td><td></td><td></td><td></td><td></td><td></td><td></td></tr>
<tr><td colspan="7">* 최종점수 = (팀원 수) × (항목별 점수 × 해당 가중치)의 합계</td></tr>
<tr><td colspan="7">[소감] 평가를 마치면서 :</td></tr>
</table>

9 암거·교량 창의설계

1) 암거·교량 과제 개요

[그림 9-1] 도로 아래를 지나는 암거

강우가 내리면 구릉이나 산지가 둘러싸인 지역은 산등성이를 따라서 한 쪽 방향으로 물이 아래로 흘러 개울을 이루고 작은 하천이 되고 또 점점 큰 하천을 이룬다. 이 물길을 가로질러 도로를 건설할 때 개울과 같이 흐르는 물의 양이 매우 적을 때는 매설관 등을 시공하게 되고 흐르는 물의 양이 많을 때에는 교량(bridge)을 건설하게 된다. 흐르는 물의 양이 중간 정도이거나 경운기 통로 등 농로의 역할을 하기 위해서는 암거(暗渠, culvert)를 설치한다. 암거는 보통 철근코크리트 구조물로서 대표적인 단면 형상은 구형(矩形)이고 그 단면의 크기와 통로 공간의 숫자는 그 암거를 지나는 통행 종류와 통행량 그리고 그곳 상류 지역의 최대 유수량을 충분히 통과시킬 수 있어야 한다. 또 암거에 작용하는 하중을 조사하고 그기에 충분히 견딜 수 있도록 설계하여야 한다.

본 과제를 수행하기에 앞서 우선 우리 주변에서 여러 형태의 암거나 작은 교량이 시공된 현장을 찾아 현장사진을 촬영하고 관찰한 현장에 대해 기술할 필요가 있다. 그리고 통수로의 역할을 하는 암거나 작은 교량의 상류지역 유역(流域) 자료 등을 조사하고, 암거 구조물 위 측의 흙 덮개 두께와 도로에 대한 조사도 할 필요가 있다. 그리고 팀원의 창의적 사고를 거쳐 작은 교량이나 암거에 대한 개략적 설계도면을 결과로 제출하고 마무리를 한다.

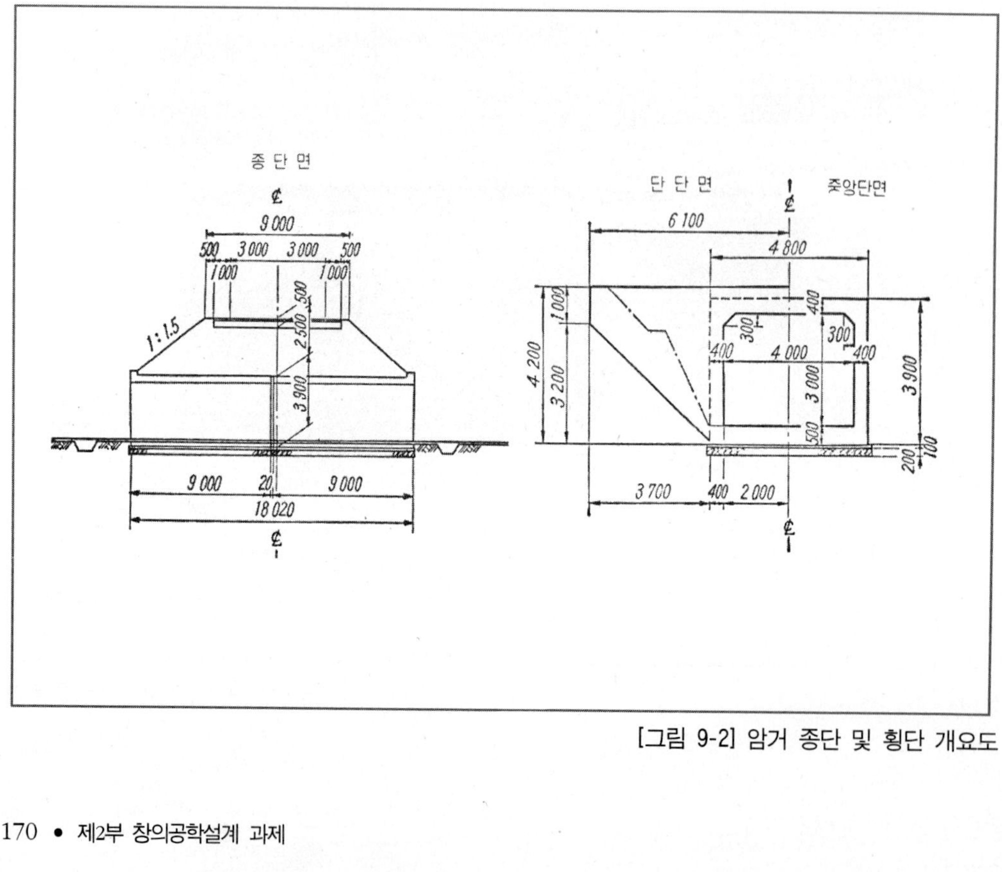

[그림 9-2] 암거 종단 및 횡단 개요도

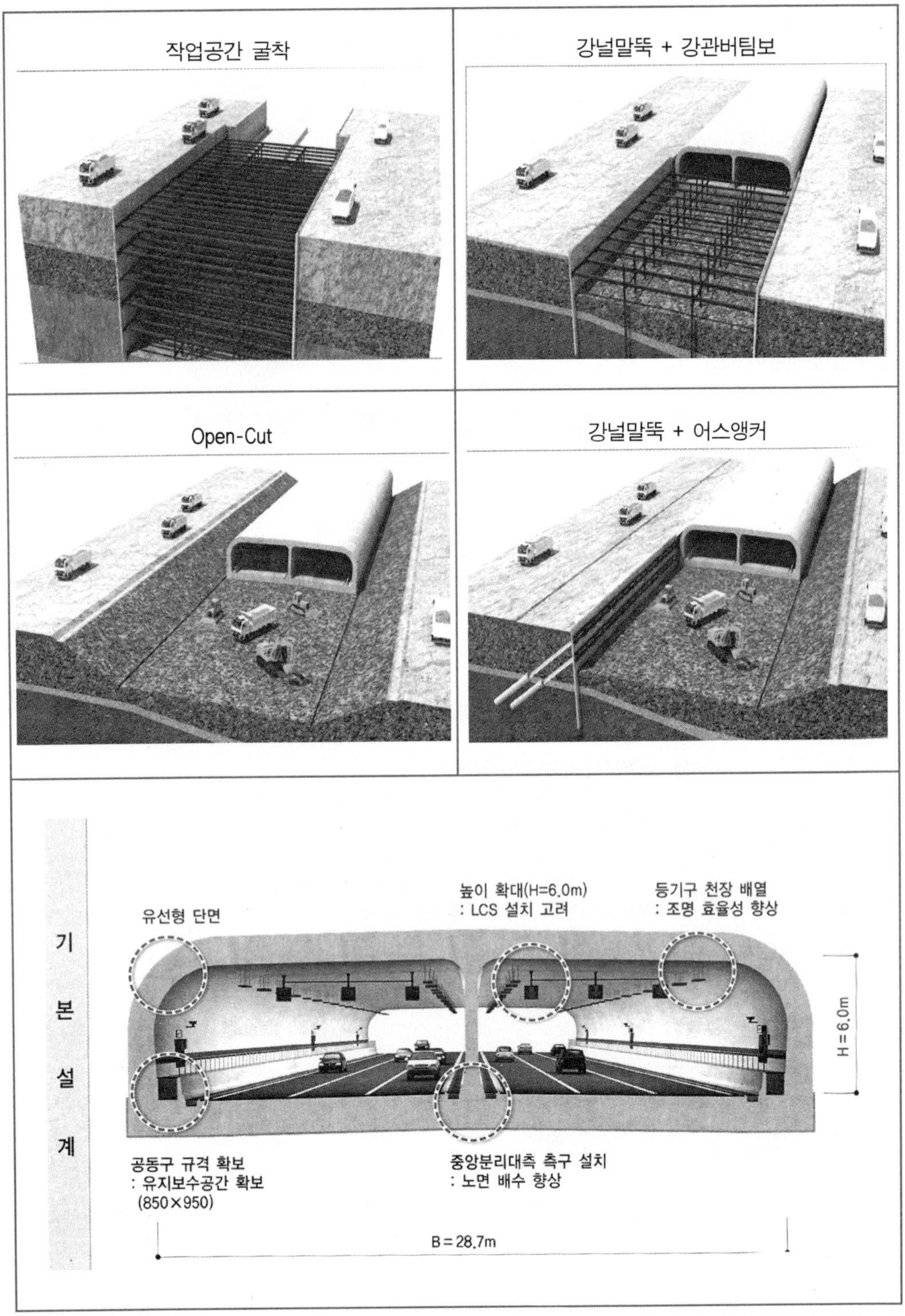

[그림 9-3] 암거공사 진행 과정

2) 팀워크, 평가 및 창의적 사고

팀에게 부여된 창의설계 과제를 현장답사와 사진을 통해 개괄적으로 이해하고 팀의 활동규칙, 보고서 양식을 정한 후 팀 공헌도 평가표를 만든다. 그리고 과제에 대한 브레인스토밍과 마인드 맵을 작성하여라. 본 과제에 대한 마인드 맵의 가장 초기 항목(key word)으로 암거(교량), 하중, 유역, 유수량, 암거(교량) 설계 등이 포함될 수 있다.

[표 9-1] 활동규칙

토목환경 창의공학 암거 □팀 활동규칙(1)	
팀 명단	팀장 : 김 oo, 기록자 : 이 oo, 진행 관찰자 : 박 oo 팀원 : 정 oo, 송 oo, 오 oo, 조 oo, 차 oo, 손 oo, 윤 oo, 민 oo .... (이상 08학번) 강 oo, 고 oo, 류 oo, 배 oo ..... (이상 08학번 외)
우리 팀 각자는 아래 활동규칙(1)을 지킬 것을 동의한다. 1. 서로 존중하고 예의를 갖추면서 과제를 수행한다. 2. 모든 회의에 성실히 참석하며, 불참이나 지각 등의 경우 감점을 받는다. 3. 과제를 해결하기 위해 정규 수업 시간 외에도 위 2 규칙을 준수한다. 4. 할당된 과제를 정해진 시간 안에 성실히 작성하여 제출한다. 5. 서로 다른 의견이 있을 때는 충분히 토론하며, 합의된 결정을 존중한다. 6. 팀 자체 평가에 적극적으로 참여하며 그 결과를 존중한다. . . . 200 년 월 일 서명자 :	

[표 9-2] 보고서 양식

<table>
<tr><th colspan="3">토목환경 창의공학 암거 □팀 회의 보고서(1)</th></tr>
<tr><td>개 요</td><td colspan="2">· 지도교수 : 김 O O
· 회의일시 : 200 . .
· 참석자 : 이 oo 외 o 인 (결석자 박 oo, 정 oo 2명)</td></tr>
<tr><td>금번 안건</td><td colspan="2">1.
2.
3.</td></tr>
<tr><td>회의 결과</td><td colspan="2">1.
2.
3.
4.</td></tr>
<tr><td>차기 안건</td><td colspan="2">1.
2.
3.</td></tr>
<tr><td>차기모임
준비사항</td><td colspan="2">1.
2.</td></tr>
<tr><td>서 명</td><td>기록자 : 팀장 :
관찰자 :</td><td>지도교수
확인 :</td></tr>
</table>

[표 9-3] 팀 공헌도 자체평가표(안)

팀 공헌도 자체평가표　　암거 □팀　김 이박 200 .　.			
- 팀 내에서 자기 자신의 참여도 -	거의없음	보통	생산적
나는 토론 참여와 맡은 임무 수행에 적극적으로 참여하였다.	0	1	2
나는 최선을 다해서 나의 능력과 기술을 팀에 투입하였다.	0	1	2
나는 의사소통에 능숙하다 생각하며, 다른 팀원이 하는 말을 경청하였다.	0	1	2
나는 타인과 협동심이 풍부하며 팀 내 갈등을 해소하려고 애썼다.	0	1	2
나는 팀에 보탬이 되도록 노력했으며, 내 고집을 주장 않았다.	0	1	2
나는 나보다 능력이 부족한 다른 팀원을 도와주는데 앞장섰다.	0	1	2

[표 9-4] 팀원 공헌도 상대평가표(안)

팀원 공헌도 상대평가표　　□팀 200 .　.						
항목 / 팀원	출결석 (0.25)	시간엄수 (0.15)	자료수집 (0.20)	자료제작 (0.25)	발표 (0.15)	최종점수*
김 oo						
이 oo						
박 oo						
정 oo						
최 oo						
강 oo						
합 계						
* 최종점수 = (팀원 수) × (항목별 점수 × 해당 가중치)의 합계						

[표 9-4] 브레인스토밍 실습지

<table>
<tr><td colspan="2">팀명 : 암거 ▢ 팀
※ 주제 : 암거 창의설계</td><td>일자 : 200 . .
총점 : 점</td></tr>
<tr><td>1. 암거 일반</td><td>21.</td><td>41.</td></tr>
<tr><td>2. 하중</td><td>22.</td><td>42.</td></tr>
<tr><td>3. 유역</td><td>23.</td><td>43.</td></tr>
<tr><td>4. 유수량</td><td>24.</td><td>44.</td></tr>
<tr><td>5. 암거설계</td><td>25.</td><td>45.</td></tr>
<tr><td>6.</td><td>26.</td><td>46.</td></tr>
<tr><td>7.</td><td>27.</td><td>47.</td></tr>
<tr><td>8.</td><td>28.</td><td>48.</td></tr>
<tr><td>9.</td><td>29.</td><td>49.</td></tr>
<tr><td>10.</td><td>30.</td><td>50.</td></tr>
<tr><td>11.</td><td>31.</td><td>51.</td></tr>
<tr><td>12.</td><td>32.</td><td>52.</td></tr>
<tr><td>13.</td><td>33.</td><td>53.</td></tr>
<tr><td>14.</td><td>34.</td><td>54.</td></tr>
<tr><td>15.</td><td>35.</td><td>55.</td></tr>
<tr><td>16.</td><td>36.</td><td>56.</td></tr>
<tr><td>17.</td><td>37.</td><td>57.</td></tr>
<tr><td>18.</td><td>38.</td><td>58.</td></tr>
<tr><td>19.</td><td>39.</td><td>59.</td></tr>
<tr><td>20.</td><td>40.</td><td>60.</td></tr>
</table>

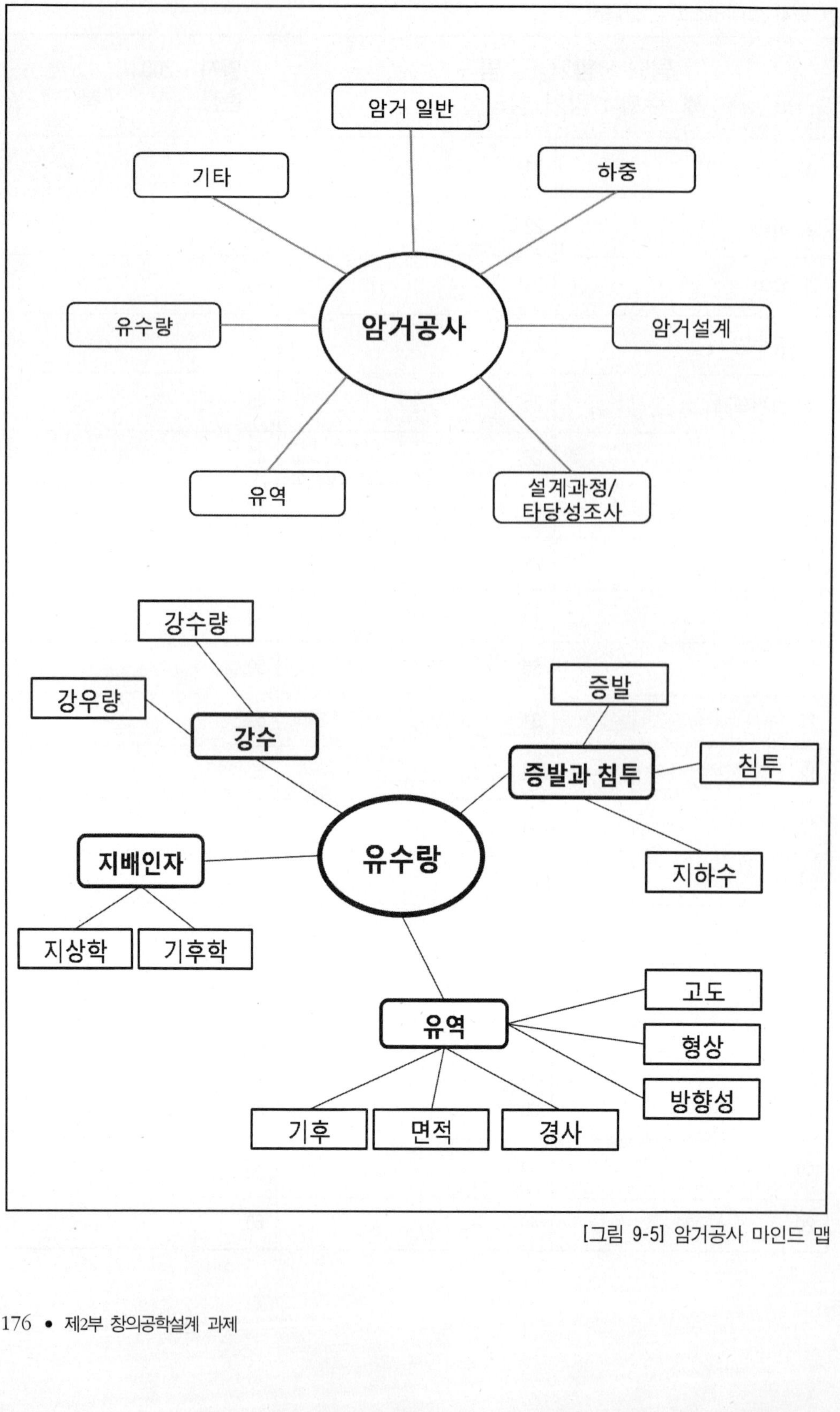

[그림 9-5] 암거공사 마인드 맵

3) 암거 공사 창의설계(설계과정 / 타당성조사)

(1) 문제주시 / 상황파악

(2) 아이디어 탐색 / 문제의 규명

(3) 계획 / 해결책 모색

(4) 모델제작 / 성과분석

(5) 시험 / 대안들의 평가

(6) 암거 설계 / 사업안의 선택과 계획안의 구체화

4) 창의설계 활동 정리 및 평가

[표 9-6] 최종 보고서 개요 (※ 보고서 별첨)

<table>
<tr><th colspan="3">토목환경 창의공학 □팀 암거공사 창의설계 최종 보고서</th></tr>
<tr><td>개 요</td><td colspan="2">· 지도교수 : 김 O O
· 회의일시 : 200 . .
· 참여자 : 이 oo 외 o 인</td></tr>
<tr><td>활동 개요</td><td colspan="2">1.
2.
3.</td></tr>
<tr><td>느낀 점</td><td colspan="2">1.
2.
3.</td></tr>
<tr><td>개선할 점</td><td colspan="2">1.
2.
3.</td></tr>
<tr><td>아쉬운 점</td><td colspan="2">1.
2.</td></tr>
<tr><td>서 명</td><td>기록자 : 팀장 :
관찰자 :</td><td>지도교수
확인 :</td></tr>
</table>

[표 9-7] 암거 관련 예상 설계도면

- 암거 현장 사진	- 주변 일대 지형도
- 암거 주변 지형도	- 암거 개요도
- 암거 종단도	- 암거 단면도
- 필요 도면	- 필요 도면

[표 9-8] 암거 ○팀 파워포인트 내용

- 과제 제목 및 팀원		

[표 9-9] 팀 공헌도 최종 자체평가표

팀 공헌도 자체평가표 암거 □팀 학번----- 김 이박 200 . .			
- 팀 내에서 자기 자신의 참여도 -	거의없음	보통	생산적
나는 토론 참여와 맡은 임무 수행에 적극적으로 참여하였다.	0	1	2
나는 최선을 다해서 나의 능력과 기술을 팀에 투입하였다.	0	1	2
나는 의사소통에 능숙하다 생각하며, 다른 팀원이 하는 말을 경청하였다.	0	1	2
나는 타인과 협동심이 풍부하며 팀 내 갈등을 해소하려고 애썼다.	0	1	2
나는 팀에 보탬이 되도록 노력했으며, 내 고집을 주장 않았다.	0	1	2
나는 나보다 능력이 부족한 다른 팀원을 도와주는데 앞장섰다.	0	1	2
[소감] 과제를 마치면서 :			

[표 9-10] 팀원 공헌도 최종 상대평가표

팀원 공헌도 상대평가표 암거 □팀 (팀장 박이김) 200 . .						
항목 / 팀원	결석 1회 - 5점	지각 1회 - 2점	자료제출 1회 +1점	자료제작 +3점	발표 + 3점	최종점수*
김 oo						
이 oo						
박 oo						
정 oo						
최 oo						
강 oo						
합 계						

[소감] 평가를 마치면서 :

10 정수장 창의설계

1) 정수장 과제 개요

[그림 10-1] 정수장 개황

인간이 모여 살면서 집단을 이루고 도시를 만든다. 도시에서 살고 있는 사람들은 그 존립을 유지하기 위해 필요한 물질과 에너지를 받아들여 그들의 활동에 사용하고 불필요하게 된 물질 등은 외부로 배출한다. 특히 물은 그 용도에 따라서 음료수와 기타 생활용수, 공공용수, 농업과 공업용수로 이용되는 인간 활동에 있어서 필수적인 것이다. 물은 자연하천이나 지하수와 같은 원수가 안전하고 깨끗하게 고품질로 상수도 시스템을 통하여 시민들에게 공급될 필요가 있다. 물이 음용수로서 수도의 목적을 달성하기 위해서는 양호한 수질, 필요한 수량, 적절한 수압의 확보가 필요하다. 이 목적을 달성하기 위해서 존재하는 물을 취수하고 이를 정수장까지 수송하고 정수장에서 음용에 적합하도록 수질을 개선하고 이를 각 사용자에게 공급하는 상수도(water supply)시스템을 이루고 있다.

본 과제를 수행하기에 앞서 우선 우리 주변에서 가까운 정수장을 방문하여 우리가 마시는 수돗물이 어떤 정수처리공정을 거쳐 만들어지는가를 조사하고 자료도 입수하고 가동 중인 정수장 현장사진을 촬영하고 관찰한 현장에 대해 기술할 필요가 있다. 그리고 특히 정수장의 정수처리공정(상수도시스템)을 팀원의 창의적 사고를 거쳐 개략적 설계도면을 결과로 제출하고 마무리를 한다.

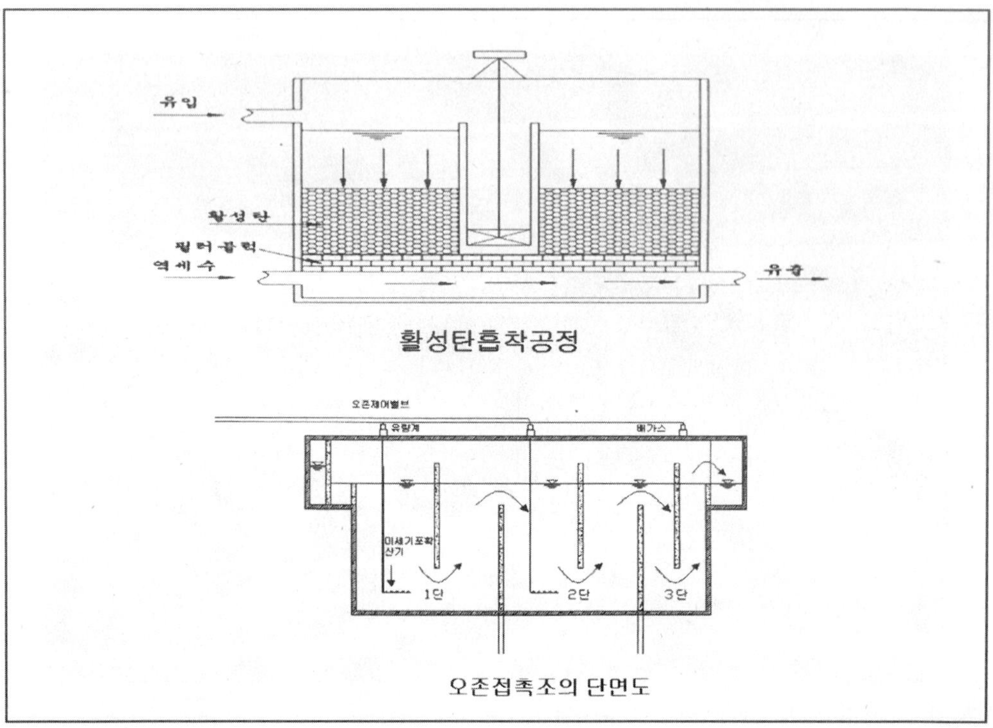

[그림 10-2] 정수장 공정 개요도

[그림 10-3] 정수장 관련 사진

2) 팀워크, 평가 및 창의적 사고

팀에게 부여된 창의설계 과제를 현장답사와 사진을 통해 개괄적으로 이해하고 팀의 활동규칙, 보고서 양식을 정한 후 팀 공헌도 평가표를 만든다. 그리고 과제에 대한 브레인스토밍과 마인드 맵을 작성하여라. 본 과제에 대한 마인드 맵의 가장 초기 항목(key word)으로 상수도, 정수장, 정수처리공정, 정수방식, 수질기준 등이 포함될 수 있다.

[표 10-1] 활동규칙

<table>
<tr><th colspan="2">토목환경 창의공학 상수 □팀 활동규칙(1)</th></tr>
<tr><td>팀 명단</td><td>팀장 : 김 oo, 기록자 : 이 oo, 진행 관찰자 : 박 oo
팀원 : 정 oo, 송 oo, 오 oo, 조 oo, 차 oo, 손 oo,
윤 oo, 민 oo .... (이상 08학번)
강 oo, 고 oo, 류 oo, 배 oo ..... (이상 08학번 외)</td></tr>
<tr><td colspan="2">우리 팀 각자는 아래 활동규칙(1)을 지킬 것을 동의한다.

1. 서로 존중하고 예의를 갖추면서 과제를 수행한다.
2. 모든 회의에 성실히 참석하며, 불참이나 지각 등의 경우 감점을 받는다.
3. 과제를 해결하기 위해 정규 수업 시간 외에도 위 2 규칙을 준수한다.
4. 할당된 과제를 정해진 시간 안에 성실히 작성하여 제출한다.
5. 서로 다른 의견이 있을 때는 충분히 토론하며, 합의된 결정을 존중한다.
6. 팀 자체 평가에 적극적으로 참여하며 그 결과를 존중한다.
.
.
.

200 년 월 일

서명자 :</td></tr>
</table>

[표 10-2] 보고서 양식

<table>
<tr><th colspan="3">토목환경 창의공학 상수 □팀 회의 보고서(1)</th></tr>
<tr><td>개　요</td><td colspan="2">· 지도교수 : 김 O O
· 회의일시 : 200 .　.
· 참여자 : 이 oo 외 o 인</td></tr>
<tr><td>금번 안건</td><td colspan="2">1.
2.
3.</td></tr>
<tr><td>회의 결과</td><td colspan="2">1.
2.
3.
4.</td></tr>
<tr><td>차기 안건</td><td colspan="2">1.
2.
3.</td></tr>
<tr><td>차기모임
준비사항</td><td colspan="2">1.
2.</td></tr>
<tr><td>서　명</td><td>기록자 :　　　　　　　팀장 :
관찰자 :</td><td>지도교수
확인 :</td></tr>
</table>

[표 10-3] 팀 공헌도 자체평가표(안)

팀 공헌도 자체평가표 상수 □팀 김 이박 200 . .			
- 팀 내에서 자기 자신의 참여도 -	거의없음	보통	생산적
나는 토론 참여와 맡은 임무 수행에 적극적으로 참여하였다.	0	1	2
나는 최선을 다해서 나의 능력과 기술을 팀에 투입하였다.	0	1	2
나는 의사소통에 능숙하다 생각하며, 다른 팀원이 하는 말을 경청하였다.	0	1	2
나는 타인과 협동심이 풍부하며 팀 내 갈등을 해소하려고 애썼다.	0	1	2
나는 팀에 보탬이 되도록 노력했으며, 내 고집을 주장 않았다.	0	1	2
나는 나보다 능력이 부족한 다른 팀원을 도와주는데 앞장섰다.	0	1	2

[표 10-4] 탐원 공험도 상대평가표(안)

팀원 공헌도 상대평가표 □팀 200 . .						
항목 팀원	출석	자료제출 및 발표	팀 공헌도	창의적 의견제시	과업의 적극성	최종점수
김 oo						
이 oo						
박 oo						
정 oo						
최 oo						
강 oo						
* 점수 배당 : 출석 7점, 자료제출 5점, 발표 5점, 적극성 5점, 창의적 의견제시 5점, 공헌도 5점						
* 제출 점수는 상위 1/3은 90점, 중위 1/3은 80점, 하위 1/3은 70점 환산. (자체 평가 점수는 적극성에 반영)						

[표 10-5] 브레인스토밍 실습지

<table>
<tr><td colspan="2">팀명 : 정수 ▢ 팀
※ 주제 : 정수장 창의설계</td><td>일자 : 200 . .
총점 : 점</td></tr>
<tr><td>1. 상수도</td><td>21.</td><td>41.</td></tr>
<tr><td>2. 정수장</td><td>22.</td><td>42.</td></tr>
<tr><td>3. 정수처리공법</td><td>23.</td><td>43.</td></tr>
<tr><td>4. 정수방식</td><td>24.</td><td>44.</td></tr>
<tr><td>5. 수질기준</td><td>25.</td><td>45.</td></tr>
<tr><td>6.</td><td>26.</td><td>46.</td></tr>
<tr><td>7.</td><td>27.</td><td>47.</td></tr>
<tr><td>8.</td><td>28.</td><td>48.</td></tr>
<tr><td>9.</td><td>29.</td><td>49.</td></tr>
<tr><td>10.</td><td>30.</td><td>50.</td></tr>
<tr><td>11.</td><td>31.</td><td>51.</td></tr>
<tr><td>12.</td><td>32.</td><td>52.</td></tr>
<tr><td>13.</td><td>33.</td><td>53.</td></tr>
<tr><td>14.</td><td>34.</td><td>54.</td></tr>
<tr><td>15.</td><td>35.</td><td>55.</td></tr>
<tr><td>16.</td><td>36.</td><td>56.</td></tr>
<tr><td>17.</td><td>37.</td><td>57.</td></tr>
<tr><td>18.</td><td>38.</td><td>58.</td></tr>
<tr><td>19.</td><td>39.</td><td>59.</td></tr>
<tr><td>20.</td><td>40.</td><td>60.</td></tr>
</table>

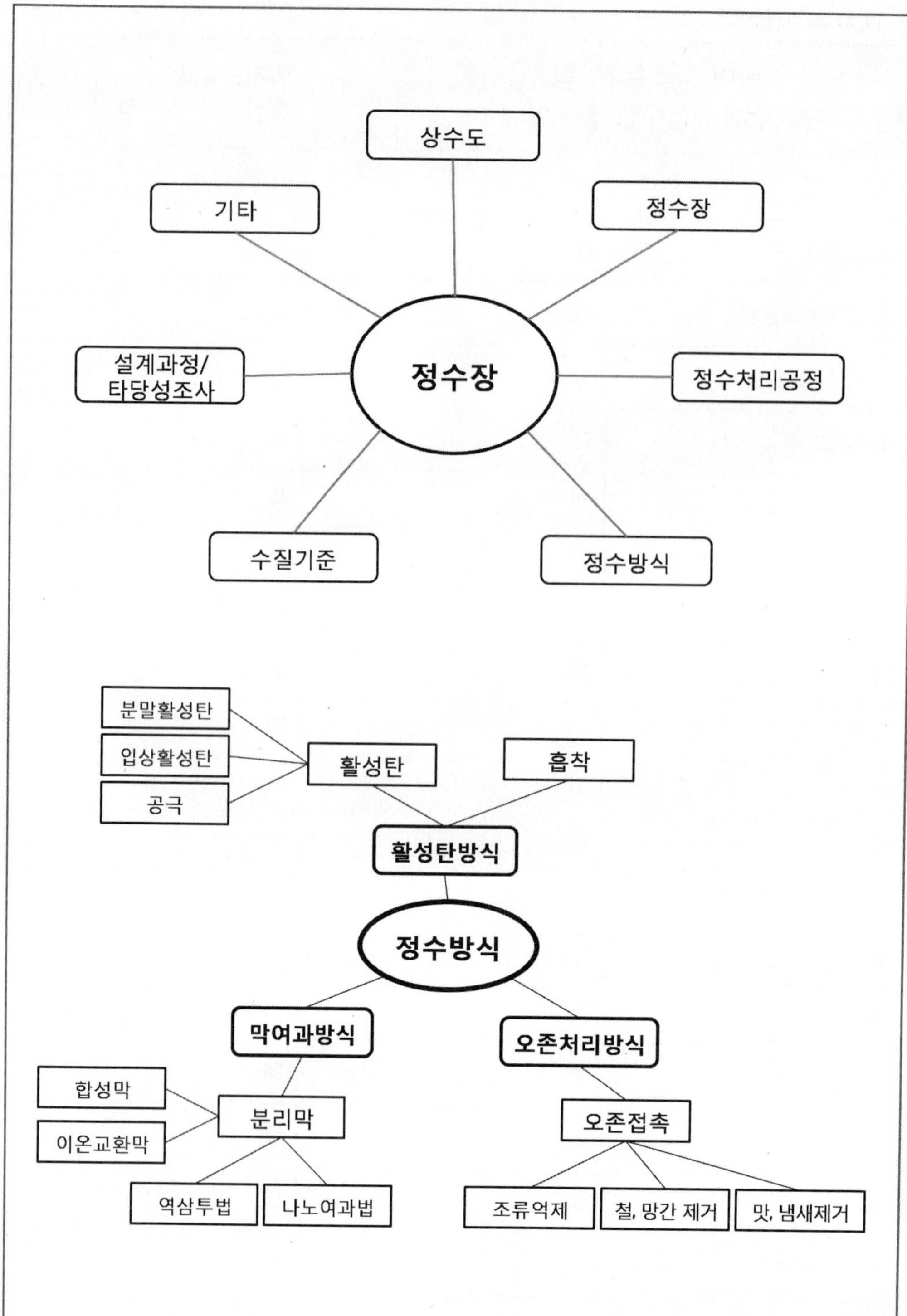

[그림 10-4] 정수장 관련 마인드 맵

3) 정수장 창의설계(설계과정 / 타당성조사)

(1) 문제주시 / 상황파악

(2) 아이디어 탐색 / 문제의 규명

(3) 계획 / 해결책 모색

(4) 모델제작 / 성과분석

(5) 시험 / 대안들의 평가

(6) 정수장 설계 / 사업안의 선택과 계획안의 구체화

4) 창의설계 활동 정리 및 평가

[표 10-6] 최종 보고서 개요 (※ 보고서 별첨)

<table>
<tr><th colspan="3">토목환경 창의공학 □팀 정수장 창의설계 최종 보고서</th></tr>
<tr><td>개 요</td><td colspan="2">· 지도교수 : 김 O O
· 회의일시 : 200 . .
· 참여자 : 박 oo 외 o 인</td></tr>
<tr><td>활동 개요</td><td colspan="2">1.
2.
3.</td></tr>
<tr><td>느낀 점</td><td colspan="2">1.
2.
3.</td></tr>
<tr><td>개선할 점</td><td colspan="2">1.
2.
3.</td></tr>
<tr><td>아쉬운 점</td><td colspan="2">1.
2.</td></tr>
<tr><td>서 명</td><td>기록자 : 팀장 :
관찰자 :</td><td>지도교수
확인 :</td></tr>
</table>

[표 10-7] 정수장 관련 예상 설계도면

- 정수장 개황 사진	- 물 순환도
- 정수처리 공정도	- 정수처리 공정도
- 처리시설 개요도	- 처리시설 개요도
- 필요 도면	- 필요 도면

[표 10-9] 상수 ○팀 파워포인트 내용

- 과제 제목 및 팀원		

[표 10-9] 팀 공헌도 최종 자체평가표

<table>
<tr><td colspan="4">팀 공헌도 자체평가표 상수 □팀 학번----- 김 이박
200 . .</td></tr>
<tr><td>- 팀 내에서 자기 자신의 참여도 -</td><td>거의없음</td><td>보통</td><td>생산적</td></tr>
<tr><td>나는 토론 참여와 같은 임무 수행에 적극적으로 참여하였다.</td><td>0</td><td>1</td><td>2</td></tr>
<tr><td>나는 최선을 다해서 나의 능력과 기술을 팀에 투입하였다.</td><td>0</td><td>1</td><td>2</td></tr>
<tr><td>나는 의사소통에 능숙하다 생각하며, 다른 팀원이 하는 말을 경청하였다.</td><td>0</td><td>1</td><td>2</td></tr>
<tr><td>나는 타인과 협동심이 풍부하며 팀 내 갈등을 해소하려고 애썼다.</td><td>0</td><td>1</td><td>2</td></tr>
<tr><td>나는 팀에 보탬이 되도록 노력했으며, 내 고집을 주장 않았다.</td><td>0</td><td>1</td><td>2</td></tr>
<tr><td>나는 나보다 능력이 부족한 다른 팀원을 도와주는데 앞장섰다.</td><td>0</td><td>1</td><td>2</td></tr>
<tr><td colspan="4">[소감] 과제를 마치면서 :</td></tr>
</table>

[표 10-10] 팀원 공헌도 최종 상대평가

팀원 공헌도 상대평가표 상수 □팀 (팀장 박이김) 200 . .						
항목 / 팀원	출석 상황	자료제출 및 발표	팀 공헌도	창의적 의견제시	과업의 적극성	점수
김 00						
이 00						
박 00						
정 00						
최 00						
강 00						
합 계						

* 최종점수 = 점수 누계 상위 1/3은 90점, 중위 1/3은 80점, 하위 1/3은 70점

[소감] 평가를 마치면서 :

11 폐기물처리장 창의설계

1) 폐기물 과제 개요

[그림 11-1] 폐기물처리장

인구의 도시 집중과 생활수준의 향상으로 소비재의 생산이 크게 확대되고 품질도 다양화되며, 그기에 따라 사람들은 일상생활에서 여러 종류와 모양의 폐기물을 대량으로 배출하게 된다. 그리고 새로운 산업분야에서 생산 활동이 이루어지면서 동시에 관련 폐기물을 대량으로 발생시키고 있다. 이렇게 발생되는 폐기물은 사람들의 쾌적한 생활을 유지하기 위해서 신속하게 위생적으로 안전하게 처리될 필요가 있다. 각종 폐기물은 최종적으로 위생적이고 안전한 처리가 되는 육상매립이나 수면매립 등의 최종처분(final disposal) 이전의 전 단계로 여러 가지 중간 처리기술(treatment technology)이 있다.

본 과제를 수행하기에 앞서 우선 일반폐기물과 산업페기물의 처리기술에 대한 자료를 수집하고 우리 주변에서 운영 중인 육상매립을 찾아 현장사진을 촬영하고 관찰한 현장에 대해 기술할 필요가 있다. 그리고 팀원의 창의적 사고를 거쳐 육상매립 최종처분장의 주요 시설에 대한 개략적 설계도면을 결과로 제출하고 마무리를 한다.

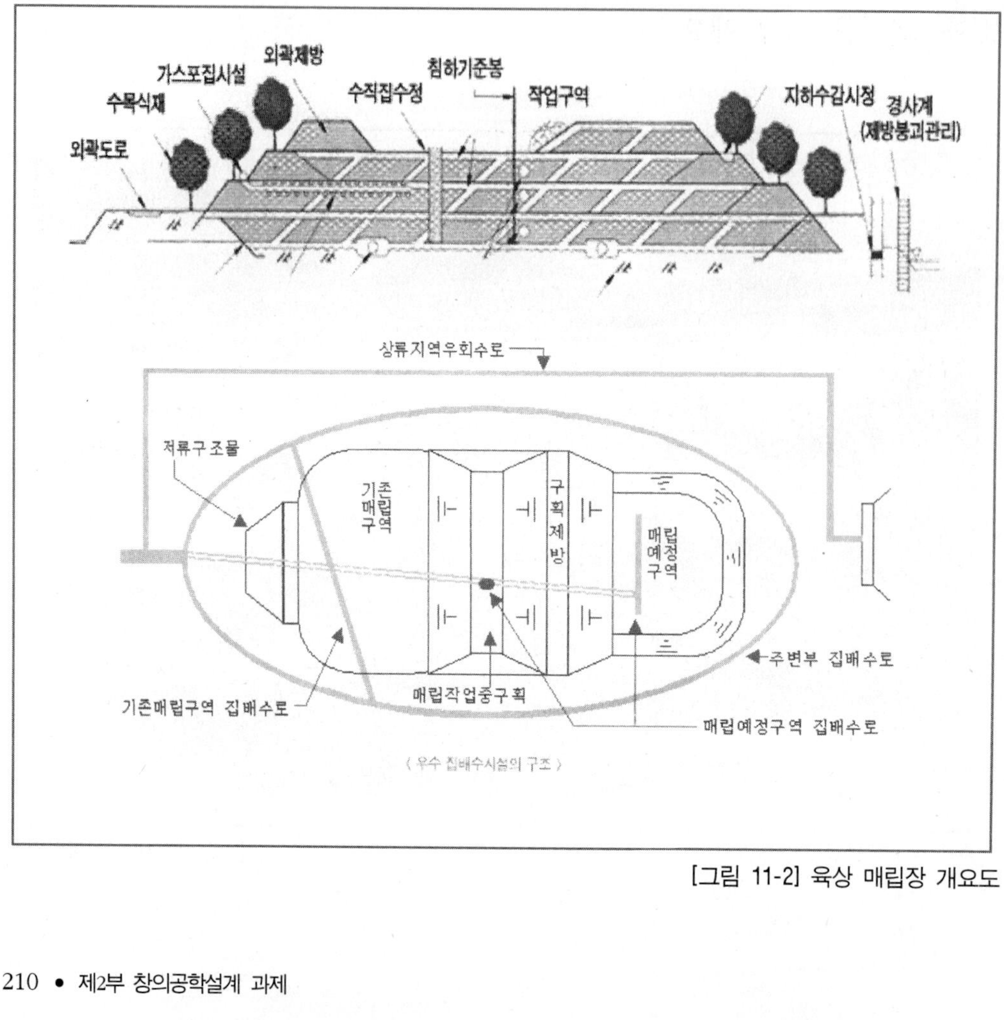

[그림 11-2] 육상 매립장 개요도

[그림 11-3] 폐기물처리장 현장사진

21 팀워크, 평가 및 창의적 사고

팀에게 부여된 창의설계 과제를 현장답사와 사진을 통해 개괄적으로 이해하고 팀의 활동규칙, 보고서 양식을 정한 후 팀 공헌도 평가표를 만든다. 그리고 과제에 대한 브레인스토밍과 마인드 맵을 작성하여라. 본 과제에 대한 마인드 맵의 가장 초기 항목(key word)으로 폐기물, 처리기술, 최종처분, 육상매립, 매립시설 등이 포함될 수 있다.

[표 11-1] 활동규칙

<table>
<tr><th colspan="2">토목환경 창의공학 매립 □팀 활동규칙(1)</th></tr>
<tr><td>팀 명단</td><td>팀장 : 김 oo, 기록자 : 이 oo, 진행 관찰자 : 박 oo
팀원 : 정 oo, 송 oo, 오 oo, 조 oo, 차 oo, 손 oo,
윤 oo, 민 oo .... (이상 08학번)
강 oo, 고 oo, 류 oo, 배 oo ..... (이상 08학번 외)</td></tr>
<tr><td colspan="2">우리 팀 각자는 아래 활동규칙(1)을 지킬 것을 동의한다.

1. 서로 존중하고 예의를 갖추면서 과제를 수행한다.
2. 모든 회의에 성실히 참석하며, 불참이나 지각 등의 경우 감점을 받는다.
3. 과제를 해결하기 위해 정규 수업 시간 외에도 위 2 규칙을 준수한다.
4. 할당된 과제를 정해진 시간 안에 성실히 작성하여 제출한다.
5. 서로 다른 의견이 있을 때는 충분히 토론하며; 합의된 결정을 존중한다.
6. 팀 자체 평가에 적극적으로 참여하며 그 결과를 존중한다.
.
.
.

200 년 월 일

서명자 :</td></tr>
</table>

[표 11-2] 보고서 양식

<table>
<tr><th colspan="3">토목환경 창의공학 매립 ▢팀 회의 보고서(1)</th></tr>
<tr><td>개 요</td><td colspan="2">· 지도교수 : 김 O O
· 회의일시 : 200 . .
· 참석자 : 이 oo 외 o 인 (결석자 박 oo, 정 oo 2명)</td></tr>
<tr><td>금번 안건</td><td colspan="2">1.
2.
3.</td></tr>
<tr><td>회의 결과</td><td colspan="2">1.

2.

3.

4.</td></tr>
<tr><td>차기 안건</td><td colspan="2">1.
2.
3.</td></tr>
<tr><td>차기모임
준비사항</td><td colspan="2">1.
2.</td></tr>
<tr><td>서 명</td><td>기록자 : 팀장 :
관찰자 :</td><td>지도교수
확인 :</td></tr>
</table>

[표 11-3] 팀 공헌도 자체평가표(안)

팀 공헌도 자체평가표 매립 □팀 김 이박 200 . .			
- 팀 내에서 자기 자신의 참여도 -	거의없음	보통	생산적
나는 토론 참여와 맡은 임무 수행에 적극적으로 참여하였다.	0	1	2
나는 최선을 다해서 나의 능력과 기술을 팀에 투입하였다.	0	1	2
나는 의사소통에 능숙하다 생각하며, 다른 팀원이 하는 말을 경청하였다.	0	1	2
나는 타인과 협동심이 풍부하며 팀 내 갈등을 해소하려고 애썼다.	0	1	2
나는 팀에 보탬이 되도록 노력했으며, 내 고집을 주장 않았다.	0	1	2
나는 나보다 능력이 부족한 다른 팀원을 도와주는데 앞장섰다.	0	1	2

[표 11-4] 팀원 공헌도 상대평가표(안)

팀원 공헌도 상대평가표 매립 □팀 200 . .						
항목 / 팀원	성실성 (30점)	창의력 (15점)	참여태도 (20점)	시간엄수 (20점)	실용성 (15점)	월 일 당일 점수
김 oo						
이 oo						
박 oo						
정 oo						
최 oo						
강 oo						
합 계						
* 각 항목 점수에 대해 평균 80%(30점→24점, 15점→12점, 20점→16점)되게 수업 있는 시간마다 평가해 합산한 후 평가 일수로 나누어 개별 점수 부여						

[표 11-5] 브레인스토밍 실습지

<table>
<tr><td colspan="2">팀명 : 매립 □ 팀
※ 주제 : 폐기물처리장 창의설계</td><td>일자 : 200 . .
총점 : 점</td></tr>
<tr><td>1. 폐기물</td><td>21.</td><td>41.</td></tr>
<tr><td>2. 처리기술</td><td>22.</td><td>42.</td></tr>
<tr><td>3. 최종처분</td><td>23.</td><td>43.</td></tr>
<tr><td>4. 육상매립</td><td>24.</td><td>44.</td></tr>
<tr><td>5. 매립시설</td><td>25.</td><td>45.</td></tr>
<tr><td>6.</td><td>26.</td><td>46.</td></tr>
<tr><td>7.</td><td>27.</td><td>47.</td></tr>
<tr><td>8.</td><td>28.</td><td>48.</td></tr>
<tr><td>9.</td><td>29.</td><td>49.</td></tr>
<tr><td>10.</td><td>30.</td><td>50.</td></tr>
<tr><td>11.</td><td>31.</td><td>51.</td></tr>
<tr><td>12.</td><td>32.</td><td>52.</td></tr>
<tr><td>13.</td><td>33.</td><td>53.</td></tr>
<tr><td>14.</td><td>34.</td><td>54.</td></tr>
<tr><td>15.</td><td>35.</td><td>55.</td></tr>
<tr><td>16.</td><td>36.</td><td>56.</td></tr>
<tr><td>17.</td><td>37.</td><td>57.</td></tr>
<tr><td>18.</td><td>38.</td><td>58.</td></tr>
<tr><td>19.</td><td>39.</td><td>59.</td></tr>
<tr><td>20.</td><td>40.</td><td>60.</td></tr>
</table>

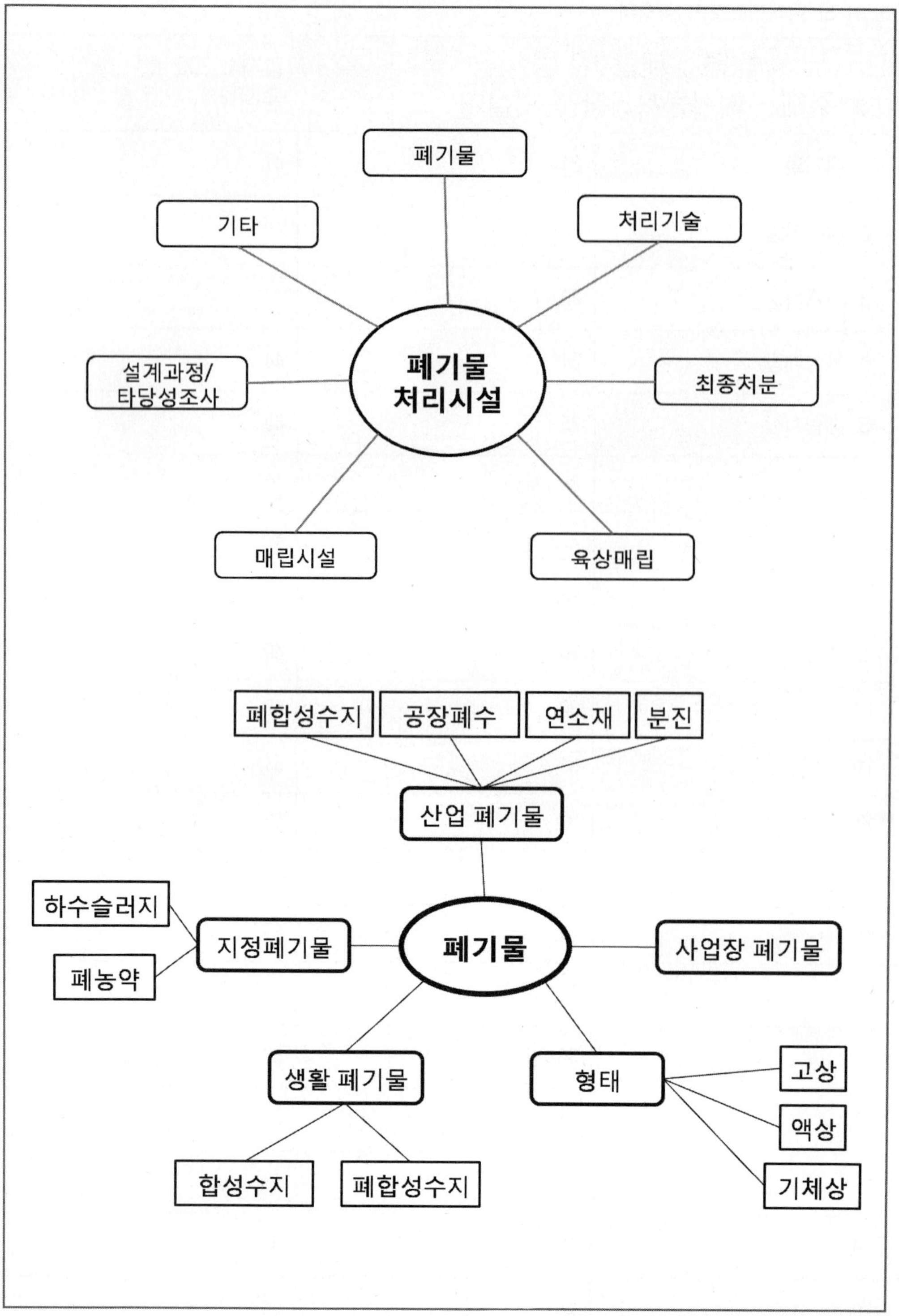

[그림 11-4] 폐기물처리 마인드 맵

3) 폐기물처리 창의설계(설계과정 / 타당성조사)

(1) 문제주시 / 상황파악

(2) 아이디어 탐색 / 문제의 규명

(3) 계획 / 해결책 모색

(4) 모델제작 / 성과분석

(5) 시험 / 대안들의 평가

(6) 폐기물처리장 설계 / 사업안의 선택과 계획안의 구체화

4) 창의설계 활동 정리 및 평가

[표 11-6] 최종 보고서 개요 (※ 보고서 별첨)

<table>
<tr><th colspan="3">토목환경 창의공학 □팀 폐기물처리 창의설계 최종 보고서</th></tr>
<tr><td>개 요</td><td colspan="2">· 지도교수 : 김 O O
· 회의일시 : 200 . .
· 참여자 : 정 oo 외 o 인</td></tr>
<tr><td>활동 개요</td><td colspan="2">1.
2.
3.</td></tr>
<tr><td>느낀 점</td><td colspan="2">1.
2.
3.</td></tr>
<tr><td>개선할 점</td><td colspan="2">1.
2.
3.</td></tr>
<tr><td>아쉬운 점</td><td colspan="2">1.
2.</td></tr>
<tr><td>서 명</td><td>기록자 :　　　　　팀장 :
관찰자 :</td><td>지도교수
확인 :</td></tr>
</table>

[표 11-7] 매립장 관련 예상 설계도면

- 폐기물처리장 사진	- 폐기물처리 체계도
- 육상매립처분장 개요도	- 매립안정화 원리 개념도
- 차수공 및 배수시설도	- 침출수처리 구성도
- 필요 도면	- 필요 도면

[표 11-8] 매립 ○팀 파워포인트 내용

- 과제 제목 및 팀원		

[표 11-9] 팀 공헌도 최종 자체평가표

팀 공헌도 자체평가표 매립 □팀 학번----- 김 이박 200 . .			
- 팀 내에서 자기 자신의 참여도 -	거의없음	보통	생산적
나는 토론 참여와 맡은 임무 수행에 적극적으로 참여하였다.	0	1	2
나는 최선을 다해서 나의 능력과 기술을 팀에 투입하였다.	0	1	2
나는 의사소통에 능숙하다 생각하며, 다른 팀원이 하는 말을 경청하였다.	0	1	2
나는 타인과 협동심이 풍부하며 팀 내 갈등을 해소하려고 애썼다.	0	1	2
나는 팀에 보탬이 되도록 노력했으며, 내 고집을 주장 않았다.	0	1	2
나는 나보다 능력이 부족한 다른 팀원을 도와주는데 앞장섰다.	0	1	2
[소감] 과제를 마치면서 :			

[표 11-10] 팀원 공헌도 최종 상대평가표

팀원 공헌도 상대평가표 매립 □팀 (팀장 박이김) 200 . .						
항목 팀원	성실성 (30점)	창의력 (15점)	참여태도 (20점)	시간엄수 (20점)	실용성 (15점)	당일 점수
김 00						
이 00						
박 00						
정 00						
최 00						
강 00						
합 계						

* 최종점수는 매 평가를 합산한 후 평가 회수로 나눔.
각 항목 평가 방식은 규칙으로 정함.

[소감] 평가를 마치면서 :

12 건축공정 창의설계

1) 건축공정 과제 개요

[그림 12-1] 실외 화장실

어떤 공사나 사업(project)의 진행에 따른 그 시행의 전 과정이나 특정 기간에서 여러 가지 조건(품질, 원가, 공정, 안전, 환경, 자재, 자금 등)을 동시에 가장 효율적으로 조정하여 사업의 목적을 달성하기 위한 총체적 행위를 공사관리(project management)라고 한다. 공사관리는 공정관리(process management)를 중심으로 원가관리, 품질관리, 안전관리, 환경관리 등의 공사 목표를 효과적으로 달성하기 위한 경영의 과정이라 할 수 있다. 공정이란 일정한 시간 내에 시행하여야 할 사업의 추진계획으로 이 공정을 지키지 못하면 사업비가 증대하는 등 손실이 생기므로 이를 반드시 지킬 필요가 있다. 공정관리 기법으로 종전에는 횡방향의 막대 길이로 작업의 시작과 끝을 표시한 막대공정표(bar chart, Gantt chart)가 사용되었으나 최근에는 작업의 선후 관계를 화살표(→ 표)와 동그라미(○)로 표시한 네트워크(Network) 공정표가 사용되고 있다.

공정관리 과제를 수행하기 위해 우선 우리 주변에서 쉽게 볼 수 있는 건축물로서 실외 화장실 신축공사를 선택할 수 있을 것이다. 주위에 운용중인 화장실 현장을 찾아 현장사진을 촬영하고 관찰한 화장실 설계도면을 재현할 필요가 있다. 그리고 팀원의 창의적 사고를 거쳐 화장실을 신축하는데 필요한 세부 공정을 분석하고 공정별 작업량과 작업 순서의 선후 등을 조사하여 막대공정표와 네트워크공정표를 설계도면과 함께 결과로 제출하고 마무리를 한다.

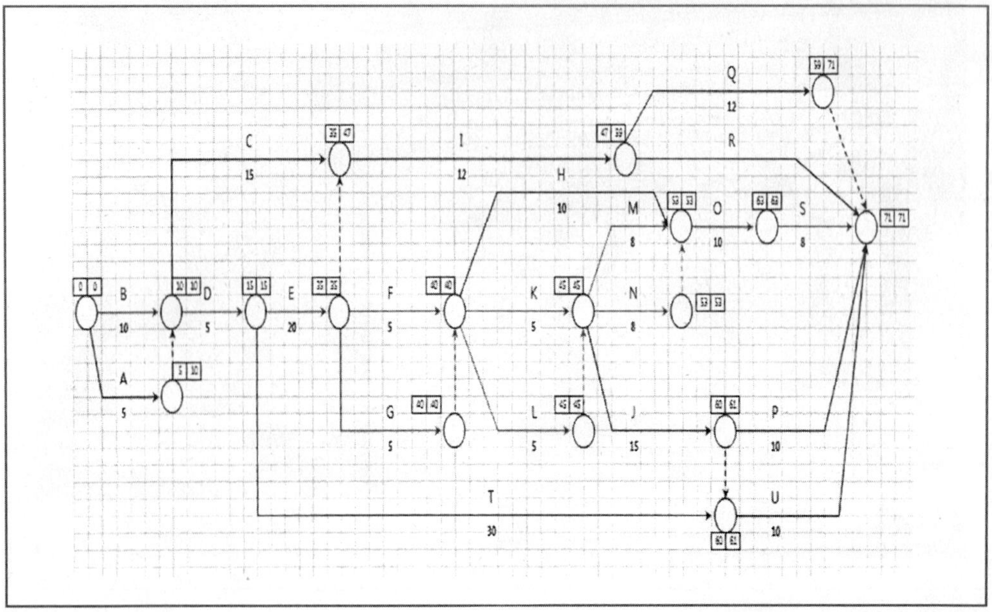

[그림 12-2] 실외 화장실 공정표(예)

기초 및 토공사

철근 콘크리트공사

조적공사

방수공사

내부마무리 공사

지붕 공사

[그림 12-3] 실외 화장실 공사현장사진

2) 팀워크, 평가 및 창의적 사고

팀에게 부여된 창의설계 과제를 현장답사와 사진을 통해 개괄적으로 이해하고 팀의 활동규칙, 보고서 양식을 정한 후 팀 공헌도 평가표를 만든다. 그리고 과제에 대한 브레인스토밍과 마인드 맵을 작성하여라. 본 과제에 대한 마인드 맵의 가장 초기 항목(key word)으로 공정관리, 건축물(화장실), 건축 세부공사, 막대공정표, 네트워크공정표 등이 포함될 수 있다.

[표 12-1] 활동규칙

<table>
<tr><th colspan="2">토목환경 창의공학 공정 □팀 활동규칙(1)</th></tr>
<tr><td>팀 명단</td><td>팀장 : 김 OO, 기록자 : 이 OO, 진행 관찰자 : 박 OO
팀원 : 정 OO, 송 OO, 오 OO, 조 OO, 차 OO, 손 OO,
윤 OO, 민 OO .... (이상 08학번)
강 OO, 고 OO, 류 OO, 배 OO ..... (이상 08학번 외)</td></tr>
<tr><td colspan="2">우리 팀 각자는 아래 활동규칙(1)을 지킬 것을 동의한다.

1. 서로 존중하고 예의를 갖추면서 과제를 수행한다.
2. 모든 회의에 성실히 참석하며, 불참이나 지각 등의 경우 감점을 받는다.
3. 과제를 해결하기 위해 정규 수업 시간 외에도 위 2 규칙을 준수한다.
4. 할당된 과제를 정해진 시간 안에 성실히 작성하여 제출한다.
5. 서로 다른 의견이 있을 때는 충분히 토론하며, 합의된 결정을 존중한다.
6. 팀 자체 평가에 적극적으로 참여하며 그 결과를 존중한다.
.
.
.

200 년 월 일

서명자 :</td></tr>
</table>

[표 12-2] 보고서 양식

<table>
<tr><th colspan="3">토목환경 창의공학 공정 □팀 회의 보고서(1)</th></tr>
<tr><td>개 요</td><td colspan="2">· 지도교수 : 김 O O
· 회의일시 : 200 . .
· 참여자 : 이 oo 외 o 인</td></tr>
<tr><td>금번 안건</td><td colspan="2">1.
2.
3.</td></tr>
<tr><td>회의 결과</td><td colspan="2">1.
2.
3.
4.</td></tr>
<tr><td>차기 안건</td><td colspan="2">1.
2.
3.</td></tr>
<tr><td>차기모임
준비사항</td><td colspan="2">1.
2.</td></tr>
<tr><td>서 명</td><td>기록자 : 팀장 :
관찰자 :</td><td>지도교수
확인 :</td></tr>
</table>

[표 12-3] 팀 공헌도 자체평가표(안)

팀 공헌도 자체평가표 　 공정 □팀 김 이박 200 . .			
- 팀 내에서 자기 자신의 참여도 -	거의없음	보통	생산적
나는 토론 참여와 맡은 임무 수행에 적극적으로 참여하였다.	0	1	2
나는 최선을 다해서 나의 능력과 기술을 팀에 투입하였다.	0	1	2
나는 의사소통에 능숙하다 생각하며, 다른 팀원이 하는 말을 경청하였다.	0	1	2
나는 타인과 협동심이 풍부하며 팀 내 갈등을 해소하려고 애썼다.	0	1	2
나는 팀에 보탬이 되도록 노력했으며, 내 고집을 주장 않았다.	0	1	2
나는 나보다 능력이 부족한 다른 팀원을 도와주는데 앞장섰다.	0	1	2

[표 12-4] 팀원 공헌도 상대평가표(안)

팀원 공헌도 상대평가표 　 공정 □팀 200 . .						
항목 / 팀원	자체평가 (0.20)	출결석 (0.20)	수업태도 (0.20)	자료제출 (0.20)	참여도 (0.20)	최종점수*
김 oo						
이 oo						
박 oo						
정 oo						
최 oo						
강 oo						
합 계						
* 최종점수 = (팀원 수) × (항목별 점수 × 해당 가중치)의 합계						

[표 12-5] 브레인스토밍 실습지

팀명 : 공정 □ 팀 ※ 주제 : 실외 화장실 창의설계		일자 : 200 . . 총점 : 점
1. 공정관리	21.	41.
2. 실외화장실	22.	42.
3. 건축 세부공사	23.	43.
4. 막대공정표	24.	44.
5. 네트워크공정표	25.	45.
6.	26.	46.
7.	27.	47.
8.	28.	48.
9.	29.	49.
10.	30.	50.
11.	31.	51.
12.	32.	52.
13.	33.	53.
14.	34.	54.
15.	35.	55.
16.	36.	56.
17.	37.	57.
18.	38.	58.
19.	39.	59.
20.	40.	60.

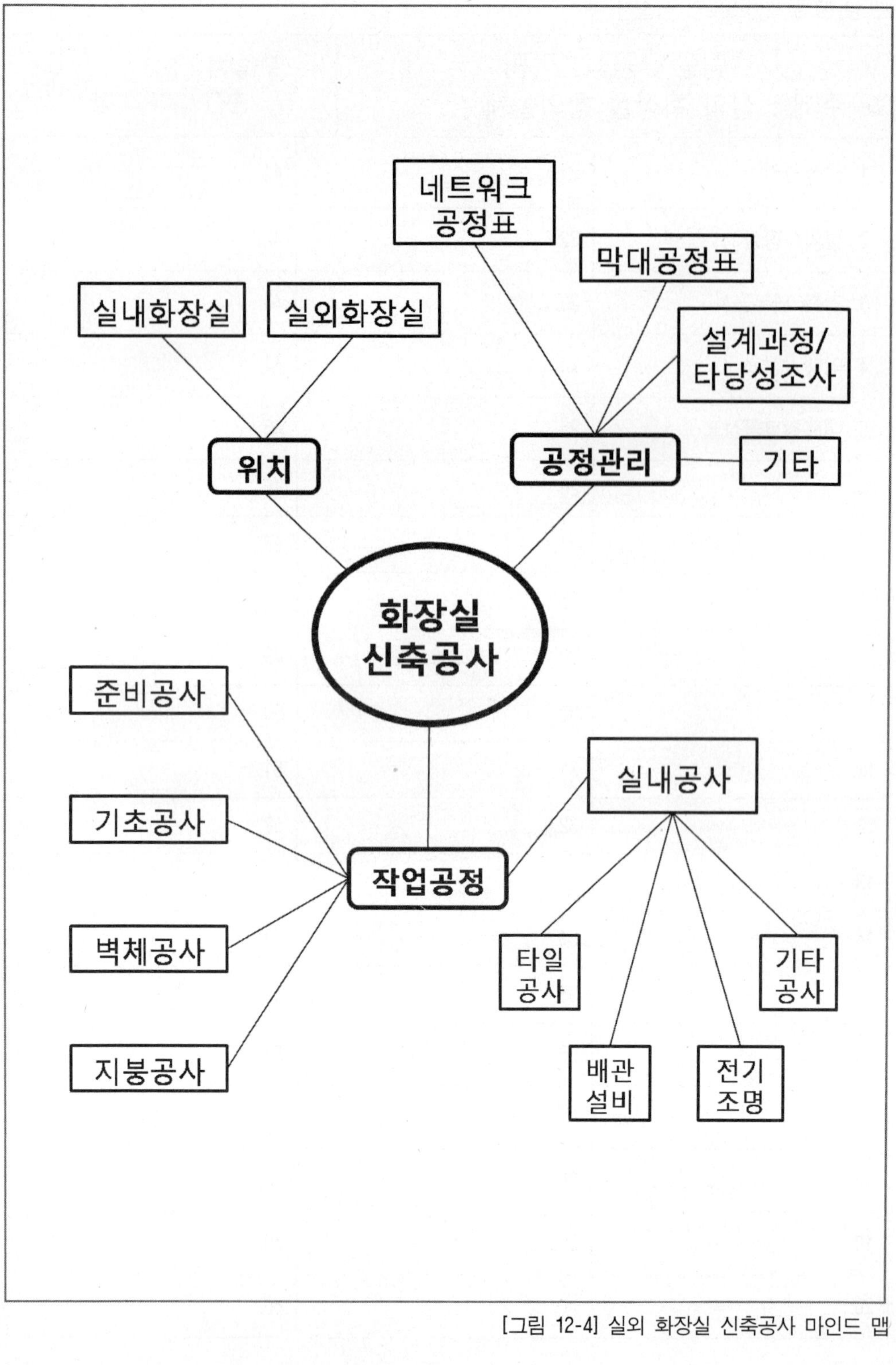

[그림 12-4] 실외 화장실 신축공사 마인드 맵

31) 실외화장실 공정 창의설계(설계과정 / 타당성조사)

(1) 문제주시 / 상황파악

(2) 아이디어 탐색 / 문제의 규명

(3) 계획 / 해결책 모색

(4) 모델제작 / 성과분석

(5) 시험 / 대안들의 평가

(6) 실외화장실 공정 설계 / 사업안의 선택과 계획안의 구체화

4) 창의설계활동 정리 및 평가

[표 12-6] 최종 보고서 개요 (※ 보고서 별첨)

<table>
<tr><th colspan="3">토목환경 창의공학 □팀 실외 화장실 공정 창의설계 최종 보고서</th></tr>
<tr><td>개 요</td><td colspan="2">· 지도교수 : 김 O O
· 회의일시 : 200 . .
· 참여자 : 최 oo 외 o 인</td></tr>
<tr><td>활동 개요</td><td colspan="2">1.
2.
3.</td></tr>
<tr><td>느낀 점</td><td colspan="2">1.
2.
3.</td></tr>
<tr><td>개선할 점</td><td colspan="2">1.
2.
3.</td></tr>
<tr><td>아쉬운 점</td><td colspan="2">1.
2.</td></tr>
<tr><td>서 명</td><td>기록자 : 팀장 :
관찰자 :</td><td>지도교수
확인 :</td></tr>
</table>

[표 12-7] 화장실 신축 공정 관련 예상 설계도면

- 실외 화장실 사진	- 화장실 주변 상황도
- 화장실 평면도	- 화장실 정면도
- 막대공정표	- 네트워크공정표
- 필요 도면	- 필요 도면

[표 12-8] 공정 ○팀 파워포인트 내용

- 과제 제목 및 팀원		

[표 12-9] 팀 공헌도 최종 자체평가표

팀 공헌도 자체평가표　공정 ▢팀 학번-----　김 이박 200 . .			
- 팀 내에서 자기 자신의 참여도 -	거의없음	보통	생산적
나는 토론 참여와 맡은 임무 수행에 적극적으로 참여하였다.	0	1	2
나는 최선을 다해서 나의 능력과 기술을 팀에 투입하였다.	0	1	2
나는 의사소통에 능숙하다 생각하며, 다른 팀원이 하는 말을 경청하였다.	0	1	2
나는 타인과 협동심이 풍부하며 팀 내 갈등을 해소하려고 애썼다.	0	1	2
나는 팀에 보탬이 되도록 노력했으며, 내 고집을 주장 않았다.	0	1	2
나는 나보다 능력이 부족한 다른 팀원을 도와주는데 앞장섰다.	0	1	2
[소감] 과제를 마치면서 :			

[표 12-10] 팀원 공헌도 최종 상대평가표

팀원 공헌도 상대평가표 공정 □팀 (팀장 박이김) 200 . .						
항목 / 팀원	자체평가 (0.20)	출결석 (0.20)	수업태도 (0.20)	자료제출 (0.20)	참여도 (0.20)	최종점수*
김 00						
이 00						
박 00						
정 00						
최 00						
강 00						
합 계						

* 최종점수 = (팀원 수) × (항목별 점수 × 해당 가중치)의 합계

[소감] 평가를 마치면서 :

5) 창의공학설계 과제 종합평가

본 과목의 팀별 과제인 8장~12장의 학습 성과는 다음 표에서 볼 수 있는 것과 같이 강의 전반부는 개인에 대한 평가를 주로하고, 후반부는 팀별 자체 평가와 착수보고 내용과 최종 보고서 발표와 보고서를 주로 해서 이들을 모두 합산하여 평가한다.

항 목	1학기 전반부		1학기 후반부				비 고
	개 인 별 평 가			팀 별 평 가			
	출 석	중간시험	자체평가	착수발표	최종발표	최종보고서	합 계
점 수	20점	80점	100점	50점	100점	50점	400점
비 율	5 %	20%	25%	12.5%	25%	12.5%	100%

학기 전반부의 개인별 평가는 출결사항과 중간시험에 의한다. 수강학생들에게 할당된 같은 점수를 모두 부여하고 결석할 때마다 일정 점수를 감점하며, 중간시험은 중간고사 기간에 기술형 필기시험으로 개인별 학습 성과를 평가한다.

학기 후반부는 개인별 자체평가와 팀별 평가를 병행한다. 팀 자체평가는 앞 4장에서 실습한 평가표를 이용하거나 새로이 작성하여 평가하여 다음 표와 같이 집계한다.

[표 12-11] 토목환경 창의공학설계 자체평가 집계표

분반	조	인원	성 적	팀별 제시한 평가 근거
1	1			
	2			
	3			
	4			
2	5			
	*			
	1			
	2			
	3			
	4			
	5			
	*			

평균 80점되게 자체평가하되, 성실도 등에 따라 90점,70점 등 조정가능. *는 예외 학생 그룹

과제 팀별로 담당교수가 착수발표(50점) 및 최종발표(100점)와 보고서(50점) 평가표(합계 200점) 현황을 다음 표와 같이 집계한다.

[표 12-12] 토목환경 창의공학설계 팀별 평가표

분반/팀		착수발표(50점)	최종발표(100점)						보고서(50점)				합계(200점)
			개요(20)	본론(20)	설계(20)	P.P.(20)	발표(20)	소계	내용(20)	형식(20)	성실(10)	소계	
1	1(경사)												
	2(암거)												
	3(상수)												
	4(매립)												
	5(공정)												
2	1(경사)												
	2(암거)												
	3(상수)												
	4(매립)												
	5(공정)												

평가는 팀별로 A^+, A^0, B^+, B^0 .... 의 단위로 평가하여 적절히 배점.

위 표의 팀별 교수 평가 점수(200점)와 자체평가 점수(100점) 그리고 1학기 중간시험(80점)과 출결사항(20점)을 개인별로 합산한 점수(만점 400점)를 다음 표와 같이 점수대별로 구분하여 분포 상황을 참조하여 평점을 내고 평점별 인원과 비율 현황을 계산한다.

[표 12-13] 성적 분포 및 학점 배정

점수대	점수 개별 분포 상황	학점	인원	1반		2반	
				인	%	인	%
~ 380							
~ 370							
~ 360							
	…………………………………………………						
~ 240							
~ 230							
~ 220							
	…………………………………………………						
~ 110							
100 ~							
계	-	-					

참고문헌

공통

- 김길희 · 김이형 · 최재환, 공학입문설계, 구미서관, 2007
- 이창훈 · 김기수, 창의공학설계, 한티미디어, 2007
- 김경우 · 김병재 · 이태희 · 황농문 · 한송엽, 공학문제 해결입문, 시그마프레스, 2007
- 김경천 외 7인, 창의적공학설계, 시그마프레스, 2007
- 서영성 외 12인 역, 창의적 공학설계(1), 피어슨 에듀케이션 코리아, 2007
- 주상윤, 창의적 발상의 원리와 기법, 울산대출판부, 2007
- —, (일본) 토목공학 편람 Ⅰ, Ⅱ, 집문사, 1996
- 김성득, 도시기반시설론, 울산미래발전연구소, 2000
- —, 한국 토목 걸작선, 대한토목학회, 2004

1장

- 최상철, 경남 21세기 비전, 경남개발연구원, 1996
- —, 부산발전 그랜드디자인, 부산발전연구원, 1996
- 김성득, 울산미래발전, 제일, 1997
- 김성득, 사회자본시설론, 울산대학교 출판부, 2003
- 금성근 역, 소프트 인프라스트락처, 부산발전연구원, 1997
- —, 미래 한국 리포트 - '고령화 충격, 활로는 없는가?', SBS · 맥킨지, 2005

2장

- 김인섭·이제인, 도시환경계획, 형설출판사, p.34~43, 2003
- 박수영·이명재, 미래의 교량기술, 대한토목학회 53-11호, p202~211, 2005
- 윤정방·이진하, 스마트 구조기술을 활용한 건설분야의 혁신, 대한토목학회 53-7호, p77~83, 2005
- 편종근·김규한, 차세대 항만·해안공간 개발 기술 전망, 대한토목학회 54-3호, p77~85, 2006

3장

- 변완희·이청원, 변화하는 일본의 대학교육 Ⅰ·Ⅱ·Ⅲ, 대한토목학회 54-5·6·7호, 2006
- 안태호·박내선, 도쿄 대학의 사회기반학과 교육프로그램 Ⅰ, 대한토목학회 54-5호, p83~90, 2006
- 이명호·마사시까몬, 쿄토 대학의 토목환경공학 교육프로그램, 대한토목학회 54-7호, p55~63, 2006
- 이동욱·박은수, University of Wisconsin-Madison의 토목공학교육 프로그램, 대한토목학회 54-2호, p52~67, 2006
- ―, 한국공학교육인증 자체보고서, 울산대학교 건설환경공학부, 2007
- ―, 인증 프로그램 소개, (사) 한국공학교육인증원, 2007

4장

- 이어령, 대학 2.0시대의 창조적 지성, 서울대 입학식 축사, 2008.3.3
- 이어령, 젊음의 탄생, 생각의 나무, 2008.
- 박영택, 공공행정부문 Single PPM 품질혁신, Single PPM 품질혁신추진본부, 2000
- 이승언, 살아있는 토목시공학(제2판), 구미서관, p.487, 2005
- 울산발전연구원, 울산 중장기 발전계획, 울산광역시, p.79, 2003

5장

- 황용주, 도시계획원론, 녹원, 1985
- 유훈·김지원, 정책형성론, 한국방송대학교출판부, 1996
- N.J. Garber & L.A. Hoel, Traffic and Highway Engineering, WEST, 1988

- 신영기, 구조역학, 동명사, 1985
- 황학주, 교량공학, 동명사, 1982
- —, 구조모형 제작 및 평가 안내, 울산대 건축학부, 2008

6장

- —, 논문집 투고규정 및 논문작성 방법, 대한토목학회, 2005
- 박은미, 효율적인 파워포인트 제작 및 활용, BK SIR사업단 세미나, 2007
- 울산대학교 국어국문학과, 보고서 작성 및 발표, 울산대 출판부, 2008.
- 헨리 페트로스키, 종이 한 장의 차이, 웅진 지식하우스, 2008
- 찰스 사이플, 쐐기와 돌 아치, 웅진 지식하우스, 2008
- 김성득 외, 21세기 울산 장기발전 계획, 울산광역시, 1997.7
- 김성득, 울주군 울주군 장기종합개발계획, 울주군, 2000.11
- —, 토목인의 윤리강령, 대한토목학회
- —, 과학기술인 헌장, 한국과학기술단체총연합회, 2004
- —, 토목인의 윤리강령, 대한토목학회
- —, 대한토목학회 연구윤리 규정, 대한토목학회, 2008
- —, 울산대학교 건축학부 마음가짐, 울산대학교 건축학부, 2005

7장~12장

- N.J. Garber & L.A. Hoel, Traffic and Highway Engineering, WEST, 1988
- 남상욱 외, 토목시공학, 청운문화사, 2004.
- 황 은 외, 토목시공학, 반도출판사, 1990
- 이양규 외, 신편 토목시공학, 보문당, 1997
- 유복모, 측량공학, 박영사, 1988
- 건설도서 편집부 역, 도로구조물의 설계계산례, 건설도서, 1988
- 이순효, PERT·CPM 실무, 양영각, 1995
- 이병규 외, 에너지와 환경, 녹문당, 2005
- 유태종 외, 상수도공학, 동화기술, 2001
- 윤오섭, 폐기물처리공학, 동화기술, 1996
- 신현식 외, 건축시공학, 문운당, 2006

찾아보기